Pallavi Shrivastava
Akhil Khare

Sistema seguro de vigilância de portagens

Pallavi Shrivastava
Akhil Khare

Sistema seguro de vigilância de portagens

ScienciaScripts

Imprint

Cover image: www.ingimage.com

This book is a translation from the original published under ISBN 978-3-659-85306-7.

Publisher:
Sciencia Scripts
is a trademark of
Dodo Books Indian Ocean Ltd. and OmniScriptum S.R.L publishing group

120 High Road, East Finchley, London, N2 9ED, United Kingdom
Str. Armeneasca 28/1, office 1, Chisinau MD-2012, Republic of Moldova, Europe
Managing Directors: Ieva Konstantinova, Victoria Ursu
info@omniscriptum.com

Printed at: see last page
ISBN: 978-620-8-37380-1

ÍNDICE

DEDICAÇÃO 2
Resumo 3
Capítulo - 1 Introdução 4
Capítulo - 2 Perceção do sistema 25
Capítulo - 3 Sistema proposto e técnicas de implementação 42
Capítulo - 5 Resultados experimentais 99
Capítulo - 6 Conclusão e âmbito futuro 105
Referências 108

DEDICAÇÃO

este livro é dedicado a

Os meus pais,

Sarita Khare e R. K. Khare

Smt Kamini & Shri C. K. Shrivastava

Quem tem

Deu-me a oportunidade de ver este belo mundo

Resumo

Na sociedade moderna, devido às elevadas taxas de criminalidade e ao elevado número de acidentes de viação, o sentimento de insegurança e de ameaça é cada vez maior. A necessidade de criação de mecanismos de defesa e prevenção tem incentivado estudos para o desenvolvimento de um sistema de reconhecimento automático, que deve, por exemplo, ter a capacidade de reconhecer veículos a uma determinada distância. A tecnologia de reconhecimento de matrículas tem sido amplamente aplicada em muitas aplicações de transporte diferentes, tais como fiscalização, monitorização de veículos e controlo de acessos. Este livro trata do reconhecimento do número de matrícula do veículo e estes caracteres reconhecidos são transmitidos através de um canal de rede seguro, utilizando mecanismos de encriptação. Este livro inclui a implementação do reconhecimento automático de matrículas, que assegura um processo de deteção de matrículas, segmentação adequada de caracteres, normalização e reconhecimento de caracteres com os algoritmos correspondentes. O reconhecimento automático de matrículas é um sistema embebido em tempo real que reconhece automaticamente o número de matrícula dos veículos. Neste livro, é considerada a implementação do reconhecimento de matrículas. Depois de reconhecer os caracteres da matrícula através da implementação de vários algoritmos, os caracteres são transmitidos através de um canal seguro. Para a transmissão segura dos caracteres reconhecidos, ou seja, o número do veículo, são utilizadas técnicas de esteganografia. Primeiro, os caracteres são encriptados utilizando o algoritmo DES e, em seguida, estes caracteres encriptados são incorporados na imagem utilizando o algoritmo outguess. No recetor, estes dados incorporados são extraídos. Foi efectuada uma experimentação extensiva para estimar os melhores parâmetros para a tarefa em questão, e os resultados obtidos são apresentados. Os resultados desta técnica são depois analisados. Finalmente, é discutida uma possível extensão para tornar o algoritmo mais robusto.

Capítulo - 1 Introdução

Com o rápido crescimento do número de veículos, é necessário melhorar os actuais sistemas de identificação de veículos. Para reduzir a dependência da mão de obra, é necessário um sistema automatizado que possa identificar os veículos. A chapa de matrícula dos veículos tem caracteres brancos e pretos. A integração maciça das tecnologias da informação em todos os aspectos da vida moderna provocou a procura de processamento de veículos como recursos conceptuais nos sistemas de informação. Uma vez que um sistema de informação autónomo sem quaisquer dados não faz sentido, houve também a necessidade de transformar a informação sobre veículos entre a realidade e os sistemas de informação. Isto pode ser conseguido por um agente humano ou por um equipamento inteligente especial que seja capaz de reconhecer veículos pelas suas matrículas num ambiente real e de os refletir em recursos conceptuais. Por este motivo, foram desenvolvidas várias técnicas de reconhecimento e os sistemas de reconhecimento de matrículas são atualmente utilizados em várias aplicações de tráfego e segurança, como o estacionamento, o controlo de acessos e fronteiras ou a localização de carros roubados. No estacionamento, as matrículas são utilizadas para calcular a duração do estacionamento. Quando um veículo entra num portão de entrada, a matrícula é automaticamente reconhecida e armazenada na base de dados. Mais tarde, quando um veículo sai da área de estacionamento através de um portão de saída, a matrícula é novamente reconhecida e emparelhada com a primeira, armazenada na base de dados. A diferença de tempo é utilizada para calcular a taxa de estacionamento.

Os sistemas de reconhecimento automático de matrículas podem ser utilizados no controlo de acesso. Por exemplo, esta tecnologia é utilizada em muitas empresas para conceder acesso apenas aos veículos do pessoal autorizado. Em alguns países, os sistemas ANPR instalados nas fronteiras nacionais detectam e monitorizam automaticamente as passagens de fronteira. Cada veículo pode ser registado numa base de dados central e comparado com uma lista negra de veículos roubados. No controlo do tráfego, os veículos podem ser direcionados para vias diferentes para um melhor controlo do congestionamento em comunicações urbanas movimentadas durante as horas de ponta.

O objetivo do Sistema de Reconhecimento de Matrículas de Veículos é criar uma aplicação em tempo real que reconheça as matrículas dos automóveis num portão, por exemplo, à entrada de um parque de estacionamento. Na maioria dos casos, os veículos são identificados pelas suas matrículas, que são facilmente legíveis para os humanos, mas não para as máquinas. O reconhecimento de matrículas é um sistema concebido para reconhecer e armazenar o número do veículo quando este passa por um determinado ponto. Este é um dos sistemas de vigilância em massa que utiliza programas de reconhecimento ótico de caracteres e hardware capaz de ler 1 chapa/segundo de veículos que circulam a uma velocidade máxima de 100 km/h. Alguns sistemas utilizam câmaras de infravermelhos para aumentar a eficácia do sistema.

A conceção de sistemas de reconhecimento de matrículas é um domínio de investigação em inteligência artificial, visão artificial, reconhecimento de padrões e redes neuronais. As etapas envolvidas nos sistemas de reconhecimento de matrículas incluem a localização de matrículas, que envolve o reconhecimento e o isolamento das matrículas numa imagem de um veículo captada pelas câmaras. O sistema parte do princípio de que a matrícula é uma área retangular que contém vários caracteres escuros sobre um fundo branco. No reconhecimento de matrículas, uma das tarefas mais difíceis é localizar a matrícula, que pode estar em qualquer parte da imagem. Esta tarefa torna-se mais difícil se a iluminação da imagem variar de uma matrícula para outra.

O sistema automático de reconhecimento de matrículas é um conjunto especial de componentes de hardware e software que precede um sinal gráfico de entrada, como imagens estáticas ou sequências de vídeo, e reconhece os caracteres das matrículas a partir dele. Uma parte do hardware do sistema de reconhecimento de matrículas é normalmente constituída por uma câmara, um processador de imagem, um acionador de câmara, uma unidade de comunicação e de armazenamento. O acionador do hardware controla fisicamente um sensor diretamente instalado numa faixa de rodagem. Sempre que o sensor detecta um veículo a uma distância adequada da câmara, ativa um mecanismo de reconhecimento. Uma alternativa a esta solução é a deteção por software de um veículo que se aproxima, ou o processamento contínuo do sinal de vídeo amostrado. A deteção por software ou o processamento contínuo do vídeo pode consumir mais recursos do sistema, mas não necessita de equipamento de hardware adicional, como o disparador de hardware. O processador de imagem reconhece os instantâneos estáticos captados pela câmara e devolve uma representação de texto da matrícula detectada. As unidades de reconhecimento de matrículas podem ter os seus próprios processadores de imagem dedicados ou podem enviar os dados captados para uma unidade de processamento central para posterior processamento. O processador de imagem está a funcionar com um software de reconhecimento especial, que é uma parte fundamental de todo o sistema de reconhecimento de matrículas. Uma vez que um dos campos de aplicação é a utilização em faixas de rodagem, é necessário utilizar uma câmara especial com um obturador extremamente curto. Caso contrário, a qualidade dos instantâneos capturados será degradada por um efeito indesejável de desfocagem causado pelo movimento do veículo. É igualmente necessário assegurar a invariância do sistema relativamente às condições de luminosidade. A câmara normal não deve ser utilizada para captar imagens na escuridão ou de noite, porque funciona num espetro de luz visível. Os sistemas de reconhecimento automático de matrículas baseiam-se frequentemente em câmaras que funcionam numa banda infravermelha do espetro de luz. A utilização da câmara de infravermelhos em combinação com uma iluminação de infravermelhos é a melhor forma de atingir este objetivo. Sob a iluminação, as matrículas que são feitas de material refletor são muito mais realçadas do que o resto da imagem. Este facto facilita muito a deteção de matrículas. Os dados resultantes são depois utilizados para comparar com os registos numa base de dados, de modo a obter informações específicas como o proprietário do veículo, a matrícula, o endereço, etc.

Depois de reconhecer os caracteres da matrícula através da implementação de vários algoritmos, os caracteres são transmitidos através de um canal seguro. Para a transmissão segura dos caracteres reconhecidos, são utilizadas técnicas de esteganografia. Primeiro, os caracteres reconhecidos são encriptados utilizando o algoritmo DES. Depois, estes dados são incorporados na imagem utilizando a chave privada do remetente. Na extremidade recetora, os dados são extraídos da imagem utilizando a técnica de desencriptação. Esta é uma das aplicações do reconhecimento de matrículas que é implementada neste livro para fins de segurança.

Este livro trata da problemática da deteção da área da matrícula. Esta problemática inclui algoritmos que são capazes de detetar uma área retangular da matrícula na imagem original. Os seres humanos definem a matrícula numa linguagem natural como uma pequena placa de plástico ou metal fixada a um veículo para fins de identificação oficial, mas as máquinas não compreendem esta definição. Por este motivo, é necessário encontrar uma definição alternativa de matrícula baseada em descritores, que seja compreensível para as máquinas. Este é um problema fundamental da visão artificial.

Também descreve os princípios da segmentação de caracteres. Na maioria dos casos, os caracteres são segmentados utilizando a projeção horizontal de uma chapa de matrícula pré-processada, mas por vezes estes princípios podem falhar, especialmente se as chapas de matrícula detectadas estiverem distorcidas. Nesse caso, devem ser utilizados algoritmos de segmentação mais sofisticados. Numa primeira fase, as dimensões e o brilho dos caracteres devem ser normalizados para garantir a invariância em relação ao tamanho e às condições de luz. Também descreve os classificadores de padrões e as redes neuronais e aborda a sua utilização no reconhecimento de caracteres. Os caracteres podem ser classificados e reconhecidos pelo algoritmo simples do vizinho mais próximo (KNN) aplicado a um vetor de caraterísticas extraídas. Por vezes, o processo de reconhecimento pode falhar e a placa detectada pode conter erros. Alguns destes erros podem ser detectados através de uma análise sintáctica da placa reconhecida. Se tivermos uma expressão regular ou uma regra para avaliar uma matrícula específica de um país, podemos reconstruir as matrículas defeituosas utilizando esta regra. Por exemplo, um número zero "0" pode ser automaticamente reparado por um carácter "O" em posições onde os números não são permitidos.

Também aborda a nova metodologia para o desenvolvimento de métodos esteganalíticos para imagens. A aplicação proposta pode ser aplicada a praticamente todos os métodos actuais para JPEGs, incluindo OutGuess, F5 e J-Steg. Permite também estimar com exatidão o comprimento da mensagem secreta incorporada. A metodologia é demonstrada no OutGuess 0.2. Neste, os caracteres reconhecidos são incorporados na imagem selecionada pelo utilizador.

Descreve também a Norma de Encriptação de Dados (DES). A norma DES consiste no algoritmo de cifragem de dados a implementar em dispositivos electrónicos para fins especiais. Estes dispositivos devem ser concebidos de forma a poderem ser utilizados num sistema ou rede de computadores para fornecer proteção criptográfica a dados codificados em binário. O método de implementação dependerá da aplicação e do ambiente. Os dispositivos devem ser implementados de forma a poderem ser testados e validados como executando com exatidão as transformações especificadas no algoritmo.

1.1 Definição do problema

O sistema proposto registará os movimentos de todos os veículos na estrada. Uma rede de câmaras lerá automaticamente todas as matrículas dos veículos que passarem e esta informação será utilizada para criar uma base de dados dos movimentos dos veículos. A polícia e os serviços de segurança poderão utilizar esta informação para analisar os movimentos de todos os condutores do país durante vários anos. Milhares de câmaras CCTV podem ser utilizadas para converter a leitura das matrículas utilizando a tecnologia de reconhecimento automático de matrículas. Estas câmaras proporcionarão uma cobertura 24 horas por dia, 7 dias por semana, em todas as auto-estradas e estradas principais, bem como nas cidades, vilas, portos e postos de abastecimento de combustível. A base de dados é fundamental para uma operação destinada a "negar a utilização da estrada aos criminosos", orquestrada pela Associação dos Chefes de Polícia (ACPO). A base de dados permitirá à polícia e aos serviços de segurança recolher informações sobre os movimentos de grupos criminosos organizados e de suspeitos de terrorismo. Para além de cruzar as matrículas com os veículos roubados e suspeitos registados no computador nacional da polícia, a rede de câmaras será também utilizada para verificar se os veículos estão legalmente licenciados, segurados e em conformidade com a lei. Para maior segurança, os números dos veículos identificados são transmitidos através de um canal seguro. Se o número do veículo for transmitido através da rede, é adoptada uma maior segurança no envio do número do veículo.

Na monitorização do tráfego, os veículos são detectados em vários pontos e podem ser estimados dados como o tempo de viagem, a procura de origem-destino e a escolha do itinerário para diferentes fins. Embora os sistemas de reconhecimento de matrículas tenham a vantagem de não exigirem a instalação de novos dispositivos no interior dos veículos, existem ainda algumas preocupações no que respeita à sua exatidão. Alguns criadores afirmam que o motor de reconhecimento de caracteres é capaz de atingir quase 100% de exatidão. No entanto, tais afirmações podem esconder pressupostos importantes, uma vez que o equipamento não é normalmente testado em todas as condições possíveis encontradas em aplicações práticas. Assim, o desempenho do sistema deve ser avaliado através de ensaios no terreno em condições variáveis de iluminação, velocidade do veículo, ângulo de desvio da câmara, precipitação, etc. Normalmente, os recursos limitados impedem os criadores de efetuar testes tão rigorosos, mas estes devem fornecer as condições em que o sistema atinge a precisão declarada.

Na realidade, as potencialidades do equipamento de Reconhecimento de

Matrículas não são totalmente realizáveis. Dependendo do tipo de tecnologia interna, da instalação, da calibração no local, das condições climatéricas, da iluminação, da configuração das matrículas e de uma série de outras condições, o Reconhecimento de Matrículas raramente reconhece mais de 80% das matrículas e, muitas vezes, faz pior do que 60%. Felizmente, nem tudo está perdido; mesmo quando o reconhecimento de matrículas não consegue ler uma matrícula, o que significa que nem todos os caracteres são reconhecidos corretamente, o sistema devolve normalmente informações muito valiosas e, na sua maioria, corretas sobre os caracteres individuais. Comparando a chapa imperfeitamente lida com outra chapa semelhante, ou com uma determinada base de dados, pode ainda ser possível fazer um julgamento razoável em termos de uma correspondência efectiva. Por exemplo, se duas cadeias (sequência de caracteres) diferem entre si apenas por um carácter, podem muito bem ter tido origem na mesma chapa. É simples para um sistema reconhecer uma chapa que já viu antes, ou quando está disponível uma base de dados de referência que contém todas as chapas possíveis. Um subscritor de uma base de dados reduz o universo de chapas e torna estatisticamente mais fácil reconhecer a chapa verdadeira.

A necessidade e a capacidade de ocultar informações de terceiros existe no mundo há séculos. Para atingir este objetivo, várias técnicas de ocultação têm sido utilizadas por indivíduos, reinos, religiões, sociedades secretas, organizações, empresas e governos para incorporar informação para provar a autenticidade e autoria e para impedir que entidades não autorizadas revejam a informação oculta. Esta forma de esconder informação é conhecida como Esteganografia, que deriva das palavras gregas steganos (que significa secreto ou escondido) e graphy (que significa desenho ou escrita). A palavra esteganografia significa a capacidade de esconder informações utilizando uma forma de desenho ou escrita. Depois de reconhecido o número do veículo, este é transmitido através de um canal de rede seguro. Em muitas aplicações de segurança, após o reconhecimento da matrícula do veículo, o número do veículo deve ser escondido.

1.2 Metas e objectivos

Este livro tem como objetivo desenvolver um sistema de deteção e reconhecimento automático de veículos baseado em números. A principal vantagem em relação a outros tipos de sistemas de reconhecimento de veículos reside no facto de as caraterísticas externas do veículo não poderem ser facilmente alteradas, como por exemplo a matrícula, uma vez que são componentes do veículo. Estes sistemas podem ser utilizados em muitas situações diferentes, por exemplo, no parque de estacionamento de um supermercado, ou algo semelhante, a fim de seguir automaticamente todas as informações de tráfego durante um período de tempo desejado ou mesmo fazer parte de um sistema que ajude cada cliente do supermercado a encontrar o seu veículo previamente estacionado. Poderá ser também uma excelente atualização dos sistemas já utilizados, como os controlos por radar e os controlos de portagens nas auto-estradas. A maioria dos sistemas de reconhecimento de veículos em uso explora o veículo.

Tirando partido da perceção humana, é possível incorporar dados num ficheiro. É evidente que a incorporação da marca nas partes significativas do ficheiro resultará numa perda de qualidade, uma vez que parte da informação se perderá. Uma técnica simples envolve a incorporação da marca nos bits menos significativos, o que minimizará a distorção. No entanto, também torna relativamente fácil localizar e remover a marca. Uma melhoria consiste em incorporar a marca apenas nos bits menos significativos de dados escolhidos aleatoriamente dentro do ficheiro. No entanto, muitos dos formatos utilizados para suportes digitais tiram partido das normas de compressão, como o JPEG, para reduzir o tamanho dos ficheiros, removendo as partes que não são perceptíveis para os utilizadores. Por conseguinte, a marca deve ser incorporada nas partes perceptualmente mais significativas do ficheiro para garantir que sobrevive ao processo de compressão.

Neste livro serão desenvolvidas e analisadas técnicas de ocultação de informação. Os meios envolvidos variam desde imagens a texto simples.

Embora algumas técnicas possam ser utilizadas para ocultar um determinado tipo de informação, na maioria dos casos podem ser ocultadas diferentes informações, dependendo das restrições de espaço. A matrícula é um ponto-chave para efeitos de reconhecimento, pelo que, para evitar crimes em que a matrícula do veículo possa ser falsa, o sistema proposto é uma mais-valia, verificando se uma matrícula reconhecida corresponde corretamente ao respetivo veículo. Para melhorar as capacidades de vigilância do sistema, todos os procedimentos necessários devem ser efectuados com o objetivo de uma aplicação em tempo real, ou próxima do tempo real. Mesmo que isso não seja possível, o sistema pode ser desenvolvido para funcionar, por exemplo, como um sistema de controlo de tráfego para parques de estacionamento, auto-estradas ou outros.

Esta dissertação tem como objetivo desenvolver um sistema de reconhecimento de matrículas utilizando redes neuronais. Para a implementação do Sistema de Reconhecimento de Matrículas, utilizamos Java para atingir os objectivos da dissertação. Assim, os focos desta dissertação são os seguintes:

1. Implementar o sistema para reconhecer a matrícula.

2. Integrar hardware e software.

3. Extrair os dados da matrícula utilizando a caixa de ferramentas de processamento de imagens digitais.

4. Reconhecer a imagem da matrícula através de uma rede neuronal, utilizando o algoritmo KNN.

5. Encriptar o número do veículo reconhecido utilizando uma chave pública designada por criptografia, utilizando o algoritmo DES.

6. Incorporar os dados encriptados na imagem selecionada utilizando o algoritmo OutGuess.

7. Desencriptar os dados encriptados utilizando a chave pública, utilizando o algoritmo DES e os dados são extraídos da imagem.

1.3 Pesquisa bibliográfica

O levantamento da literatura é o passo mais importante no processo de desenvolvimento de software. A informação proveniente de várias fontes é revista e referida e tenta-se formular um relatório coerente sobre o tema. A maior parte dos estudos abrange trabalhos recentes que surgiram nos últimos 10 anos. Os sistemas de reconhecimento de matrículas têm recebido muita atenção da comunidade científica. Foi efectuada muita investigação sobre matrículas coreanas, chinesas, holandesas e inglesas. Uma caraterística distintiva dos trabalhos de investigação nesta área é o facto de se restringirem a uma região, cidade ou país específicos.

Este facto deve-se à falta de normalização entre as diferentes chapas de matrícula, ou seja, a dimensão e a disposição das chapas de matrícula. Esta secção apresenta uma visão geral da investigação realizada até à data nesta área e das técnicas utilizadas no desenvolvimento de um sistema de reconhecimento de matrículas em vez das seguintes fases Aquisição de imagens, extração de matrículas, segmentação de matrículas, reconhecimento de matrículas, etc.

1.3.1 Documentos de investigação

1. **Artigo:** Deteção e Leitura Automática de Chapas de Mercadorias Perigosas

Fonte: Sétima Conferência Internacional do IEEE sobre vigilância avançada baseada em vídeo e sinais.

Autores: Peter M. Roth, Martin Kostinger, Paul Wohlhart, Horst Bischof e Josef A. Birchbauer.

Resumo: Neste artigo, apresentamos uma solução eficiente para a deteção e leitura automáticas de placas de mercadorias perigosas em camiões e comboios. De acordo com o acordo ADR, o transporte de mercadorias perigosas é marcado com uma placa cor de laranja que inclui a classe de perigo e o número de identificação das substâncias perigosas. Uma vez que, em condições reais, é necessário processar imagens de alta resolução (frequentemente de baixa qualidade), é necessário um sistema eficiente e robusto. Em particular, propomos um sistema de várias fases que consiste numa etapa de aquisição, um detetor de regiões de saliência (para reduzir o tempo de execução), um detetor de placas e uma etapa de reconhecimento robusta baseada num reconhecimento ótico de caracteres (OCR). Para demonstrar o sistema, apresentamos resultados qualitativos e quantitativos de localização/reconhecimento em dois conjuntos de dados desafiantes. De facto, com base em métodos comprovadamente robustos e eficientes, apresentamos excelentes resultados de deteção e classificação em condições ambientais difíceis com um tempo de execução reduzido.

2. Artigo: A aplicação e a perspetiva de desenvolvimento da técnica de reconhecimento automático de matrículas

Fonte: IEEE 2006.

Autores: Ping Dong, Jie-hui Yang, Jun-jun Dong (Faculdade de Engenharia da Informação, Universidade de Ciência e Tecnologia de Pequim, China)

Resumo - O sistema de reconhecimento automático de matrículas, que tem um futuro promissor, desempenha um papel importante no sistema de transporte inteligente. Neste artigo, é apresentado o desenvolvimento de duas técnicas-chave da técnica de reconhecimento automático de matrículas e são discutidos os problemas do algoritmo de reconhecimento automático de matrículas existente.

3. Artigo: Identificação de matrículas com base em técnicas de processamento de imagem

Fonte: Segunda Conferência Internacional sobre Sistemas Industriais e de Informação, ICIIS 2007, 8 - 11 de agosto de 2007, Sri Lanka

Autor: W. K. I. L. Wanniarachchi (Departamento de Ciências e Tecnologia, Faculdade de Ciências e Tecnologia, Universidade de Uva Wellassa, Sri Lanka), D. U. J. Sonnadara e M. K. Jayananda (Departamento de Física, Faculdade de Ciências, Universidade de Colombo, Sri Lanka)

Resumo: Um sistema de identificação de matrículas pode ser utilizado em numerosas aplicações, como parques de estacionamento sem vigilância, controlo de segurança de áreas restritas, aplicação da lei de trânsito e cobrança automática de portagens. Este sistema capta imagens de veículos e identifica automaticamente os números das matrículas. Apresentamos aqui os resultados de um sistema de identificação da matrícula do veículo através de imagens fotográficas digitalizadas com base em técnicas de processamento de imagem. O algoritmo desenvolvido baseia-se em duas fases básicas de processamento: localização da matrícula e identificação dos dígitos e caracteres individuais da matrícula. O algoritmo utiliza uma imagem rasterizada da vista traseira de um veículo como entrada e produz os números e caracteres reconhecidos na matrícula como saída. O desempenho do algoritmo desenvolvido foi testado num conjunto de imagens reais de veículos. A primeira parte do sistema mostrou que o algoritmo tem um bom desempenho na localização exacta das matrículas (com 97% de eficiência). Na segunda parte, que se baseia em técnicas de redes neuronais, o algoritmo mostrou um elevado desempenho no reconhecimento de dígitos e caracteres nas regiões das matrículas localizadas.

4. **Artigo:** Reconhecimento de matrículas para utilização em diferentes países utilizando uma segmentação melhorada

Fonte: IEEE 2011

Autores: Ankush Roy e Debarshi Patanjali Ghoshal (Departamento de Engenharia Eletrotécnica da Universidade de Jadavpur, Calcutá, Índia)

Resumo: O reconhecimento automático de matrículas (ANPR) é um sistema incorporado em tempo real que identifica os caracteres diretamente a partir da imagem da matrícula. Trata-se de uma área de investigação ativa. Os sistemas ANPR são muito úteis para as agências de aplicação da lei, uma vez que a necessidade de etiquetas de identificação por radiofrequência e equipamentos semelhantes é minimizada. Uma vez que as diretrizes relativas às matrículas não são rigorosamente aplicadas em todo o lado, torna-se muitas vezes difícil identificar corretamente os caracteres não normalizados das matrículas. Neste documento, tentamos resolver este problema de ANPR utilizando um algoritmo de segmentação baseado em píxeis dos caracteres alfanuméricos da matrícula. A não adesão do sistema a qualquer norma e tipo de letra específicos de um determinado país significa efetivamente que este sistema pode ser utilizado em muitos países diferentes - uma caraterística que pode ser especialmente útil para o tráfego transfronteiriço, por exemplo, nas fronteiras nacionais, etc. Além disso, o utilizador final tem a possibilidade de treinar novamente a Rede Neural Artificial (RNA), criando uma nova base de dados de amostras de tipos de letra. Isto pode melhorar o desempenho do sistema e torná-lo mais eficiente através da recolha de amostras relevantes. O sistema foi testado em 150 matrículas diferentes de vários países e foi alcançada uma exatidão de 91,59%.

5. **Artigo:** Um algoritmo KNN melhorado para classificação de textos

Fonte: 2010 International Conference on Information, Networking and Automation (ICINA)

Autor: lingzhong Wang e Xia Li (Faculdade de Engenharia da Informação, Universidade de Tecnologia do Norte da China, Pequim, China)

Resumo: Este artigo analisa as vantagens e desvantagens do algoritmo KNN e introduz um algoritmo KNN melhorado (WPSOKN) para a classificação de textos. Baseia-se na otimização por enxame de partículas, que tem a capacidade de pesquisa global aleatória e dirigida no conjunto de documentos de treino. Durante o processo de procura dos k vizinhos mais próximos da amostra de teste, os vectores de documentos que não podem ser os k vectores mais próximos são rapidamente eliminados. Além disso, reduz o impacto das partículas individuais no conjunto. Além disso, o fator de interferência é introduzido para evitar que os k vizinhos mais próximos das amostras de teste sejam encontrados rapidamente. Efectuámos um estudo experimental exaustivo utilizando conjuntos de dados reais, e os resultados mostram que o algoritmo WPSOKNN é mais eficiente do que outros algoritmos KNN.

6. **Artigo:** Atacar o OutGuess

Fonte: Conferência 2000, ACM.

Autores: Jessica Fridrich, Miroslav Goljan e Dorin Hogea (Departamento de Informática da SUNY Binghamton, NY)

Resumo: Neste artigo, descrevemos uma nova metodologia para o desenvolvimento de métodos esteganalíticos para imagens JPEG. A estrutura proposta pode ser aplicada a praticamente todos os métodos actuais para JPEGs, incluindo OutGuess, F5 e J-Steg. Também permite uma estimativa exacta do comprimento da mensagem secreta incorporada. A metodologia é demonstrada no OutGuess 0.2.

7. Papel: Esconder e Procurar: Uma Introdução à Esteganografia

Fonte: COMPUTER SOCIETY 2003, IEEE.

Autores: NIELS PROVOS E PETER HONEYMAN (Universidade de Michigan)

Resumo: O OutGuess 0.1 (criado por Niels Provos) é um sistema esteganográfico que melhora o passo de codificação utilizando um gerador de números pseudo-aleatórios para selecionar coeficientes DCT aleatoriamente. O bit menos significativo de um coeficiente DCT selecionado é substituído por dados de mensagem encriptados. À medida que é executado, o algoritmo substitui o bit menos significativo dos coeficientes da transformada discreta do cosseno (DCT) selecionados pseudo-aleatoriamente pelos dados da mensagem.

O teste x2 para o JSteg não detecta dados que são distribuídos aleatoriamente pelos dados redundantes e, por essa razão, não consegue encontrar conteúdo esteganográfico escondido pelo OutGuess 0.1. No entanto, é possível alargar o teste x2 para ser mais sensível a distorções locais numa imagem. Duas distribuições idênticas produzem aproximadamente os mesmos valores de x2 em qualquer parte da distribuição. Em vez de aumentar o tamanho da amostra e aplicar o teste numa posição constante, utilizamos um tamanho de amostra constante mas fazemos deslizar a posição onde as amostras são recolhidas ao longo de toda a gama da imagem

8. Artigo: Conceção e implementação de um sistema de algoritmo 3DES de alta velocidade

Fonte: 2009 Second International Conference on Future Information Technology and Management Engineering.

Autor: Yang Jun Li Na Ding Jun (Escola de Ciências e Engenharia da Informação, Universidade de Yunnan, Kunming, China)

Resumo: Este artigo apresenta o princípio do algoritmo de encriptação 3DES e a descrição pormenorizada da conceção e implementação do algoritmo em FPGA. Para melhorar a S-box, utiliza-se uma única S-box para substituir as oito S-box originais. Este facto não só reduz consideravelmente o tamanho do circuito, como também reduz o consumo de energia de todo o circuito. No projeto, é utilizada a tecnologia de pipelining para melhorar a sua velocidade de funcionamento. Todos os módulos utilizam a linguagem de descrição de hardware Verilog HDL para a sua realização e, por fim, são descarregados para o chip FPGA.

9. Artigo: Um Estudo do Algoritmo de Encriptação DES e Blowfish **Fonte**: 2009 IEEE.

Autores: Tingyuan Nie e Teng Zhang (Instituto de Engenharia Eletrónica e de Comunicações da Universidade Tecnológica de Qingdao, Qingdao, China)

Resumo: Com o rápido crescimento das aplicações da Internet e das redes, a segurança dos dados torna-se mais importante do que nunca. Os algoritmos de encriptação desempenham um papel crucial nos sistemas de segurança da informação. Neste documento, estudamos os dois algoritmos de encriptação mais populares: DES e Blowfish. Apresentámos as funções de base e analisámos a segurança de ambos os algoritmos. Também avaliámos o desempenho em termos de velocidade de execução com base em diferentes tamanhos de memória e comparámo-los. Os resultados experimentais mostram a relação entre a velocidade de execução da função e o tamanho da memória.

1.3.2 Análise da literatura

Para que Peter M. Roth, Martin Kostinger, Paul Wohlhart, Horst Bischof e Josef A. Birchbauer reconheçam um carácter a partir de uma representação bitmap, é necessário extrair descritores de caraterísticas desse bitmap. Uma vez que um método de extração afecta significativamente a qualidade de todo o processo de OCR, é muito importante extrair caraterísticas que sejam invariantes em relação às várias condições de luz, ao tipo de letra utilizado e às deformações dos caracteres causadas por uma inclinação da imagem. O primeiro passo é a normalização do brilho e do contraste dos segmentos de imagem processados. Os caracteres contidos nos segmentos de imagem devem então ser redimensionados para dimensões uniformes (segundo passo). Depois disso, o algoritmo de extração de caraterísticas extrai descritores apropriados dos caracteres normalizados (terceiro passo). Este passo trata de vários métodos utilizados no processo de normalização. As caraterísticas de brilho e contraste dos caracteres segmentados variam devido às diferentes condições de luz durante a captura. Por isso, é necessário normalizá-los. Existem muitas formas diferentes, mas esta secção descreve as três mais utilizadas: normalização do histograma, limiarização global e adaptativa. Através da normalização do histograma, as intensidades dos segmentos de caracteres são re-distribuídas no histograma para obter as estatísticas normalizadas. As técnicas de limiarização global e adaptativa são utilizadas para obter representações monocromáticas dos segmentos de caracteres processados. A representação monocromática (ou a preto e branco) da imagem é mais adequada para análise, porque define limites claros dos caracteres contidos.

Ping Dong, Jie-hui Yang e Jun-jun Dong definem a chapa de matrícula como uma "área retangular com maior ocorrência de arestas horizontais e verticais". A elevada densidade de arestas horizontais e verticais numa pequena área é, em muitos casos, causada pelos caracteres de contraste de uma matrícula, mas não em todos os casos. Este processo pode, por vezes, detetar uma área errada que não corresponde a uma chapa de matrícula.

Por este motivo, é frequente detectarmos vários candidatos para a matrícula através deste algoritmo, e depois escolhemos o melhor através de uma análise heurística posterior. Uma convolução periódica da função f com tipos específicos de matrizes **m** para detetar vários tipos de arestas numa imagem.

W. K. I. L. Wanniarachchi, D. U. J. Sonnadara e M. K. Jayananda apresentam O sistema de reconhecimento automático de matrículas é um conjunto especial de componentes de hardware e software que recebe um sinal gráfico de entrada, como imagens estáticas ou sequências de vídeo, e reconhece os caracteres da matrícula. Uma parte do hardware do sistema ANPR é normalmente constituída por uma câmara, um processador de imagem, um disparador de câmara, uma unidade de comunicação e de armazenamento. O acionador do hardware controla fisicamente um sensor diretamente instalado numa faixa de rodagem. Sempre que o sensor detecta um veículo a uma distância adequada da câmara, ativa um mecanismo de reconhecimento. Uma alternativa a esta solução é a deteção por software de um veículo que se aproxima, ou o processamento contínuo do sinal de vídeo amostrado. A deteção por software ou o processamento contínuo do vídeo pode consumir mais recursos do sistema, mas não necessita de equipamento de hardware adicional, como o disparador de hardware. O processador de imagem reconhece os instantâneos estáticos captados pela câmara e devolve uma representação de texto da matrícula detectada. As unidades ANPR podem ter os seus próprios processadores de imagem dedicados (solução tudo-em-um), ou podem enviar os dados captados para uma unidade de processamento central para processamento posterior (ANPR genérico). O processador de imagem está a funcionar com um software de reconhecimento especial, que é uma parte fundamental de todo o sistema ANPR. Uma vez que um dos campos de aplicação é a utilização em faixas de rodagem, é necessário utilizar uma câmara especial com um obturador extremamente curto. Caso contrário, a qualidade dos instantâneos capturados será degradada por um efeito indesejável de desfocagem causado pelo movimento do veículo. Por exemplo, a utilização de uma câmara normal com um obturador de *1/100 segundos* para captar um veículo a uma velocidade de *80 km/h* provocará uma distorção do movimento de *0,22 m*. Esta distorção implica uma degradação significativa das capacidades de reconhecimento. É igualmente necessário assegurar a invariância do sistema relativamente às condições de luminosidade. A câmara normal não deve ser utilizada para captar imagens na escuridão ou de noite, porque funciona num espetro de luz visível. Os sistemas de reconhecimento automático de matrículas baseiam-se frequentemente em câmaras que funcionam numa banda infravermelha do espetro luminoso. A utilização da câmara de infravermelhos em combinação com uma iluminação de infravermelhos é a melhor forma de atingir este objetivo. Sob a iluminação, as matrículas que são feitas de material refletor são muito mais realçadas do que o resto da imagem. Este facto facilita muito a deteção de matrículas.

Ankush Roy e Debarshi Patanjali Ghoshal definem "Princípios da segmentação de matrículas". O passo seguinte à deteção da área da chapa de matrícula é a segmentação da chapa. A segmentação é um dos processos mais importantes no reconhecimento automático de matrículas, porque todos os passos seguintes dependem dela. Se a segmentação falhar, um carácter pode ser incorretamente dividido em duas partes, ou dois caracteres podem ser incorretamente fundidos. Uma projeção horizontal de uma matrícula para a segmentação, ou um dos métodos mais sofisticados, como a segmentação através de redes neuronais. Se assumirmos apenas chapas de uma fila, a segmentação é um processo de encontrar limites horizontais entre caracteres. A segunda fase da segmentação é o melhoramento dos segmentos. O segmento de uma placa contém, para além do carácter, elementos indesejáveis, tais como pontos e alongamentos, bem como espaço redundante nos lados do carácter. É necessário eliminar estes elementos e extrair apenas o carácter.

O algoritmo esteganográfico OutGuess foi proposto por Neils Provos para combater o ataque estatístico do qui-quadrado. Na primeira passagem, semelhante ao J-Steg, o OutGuess insere bits de mensagem ao longo de um percurso aleatório nos LSBs dos coeficientes, saltando os 0 e 1. Após a incorporação, a imagem é processada novamente usando uma segunda passagem. Desta vez, são feitas correcções aos coeficientes para que o histograma da imagem roubada coincida com o histograma da imagem de cobertura. Como o ataque de qui-quadrado se baseia na análise de estatísticas de primeira ordem da imagem stego, ele não pode detetar mensagens incorporadas usando o OutGuess. Provos também relata que as correcções são feitas de forma a evitar a deteção usando o seu ataque generalizado de qui-quadrado. No nosso ataque ao OutGuess, utilizamos o facto de o mecanismo de incorporação do OutGuess ser a substituição dos LSBs. Isto significa que a incorporação de outra mensagem na imagem stego será parcialmente cancelada e terá, portanto, um efeito diferente na imagem stego do que na imagem de cobertura.

Yang Jun, Li Na Ding Jun apresentam o algoritmo DES, que é um algoritmo de cifra de bloco, agrupado em encriptação e desencriptação de dados de 64 bits. E o algoritmo de encriptação e desencriptação de dados utiliza a mesma estrutura, sendo que apenas a utilização das chaves tem uma ordem diferente. O comprimento das chaves é de 56 bits (as chaves são normalmente expressas como 64 bits, mas cada oitavo bit é utilizado como bit de controlo de paridade e pode ser ignorado). E as chaves muito pequenas são consideradas chaves fracas, mas podem ser facilmente evitadas.

O processo de encriptação do algoritmo DES pode ser dividido em 5 etapas de funcionamento:

1. A chave de 64 bits produz 16 subchaves através de um algoritmo de subchave que são K1, K2...K16 utilizadas respetivamente para a primeira, segunda...décima sexta cifragem iterativa.

2. O texto simples de 64 bits foi reorganizado após a IP (Permutação Inicial) e dividido em lado esquerdo L0, que corresponde aos 32 bits esquerdos, e lado direito R0, constituído pelos 32 bits direitos.

3. R0 é encriptado pela subchave K1 através da função de encriptação. O

resultado é um conjunto de dados de 32 bits f(R0, K1), o diagrama mostrado na Figura . Um conjunto de dados de 32 bits L0.

4. f(R0, K1) é obtida depois de f(R0, K1) se combinar com L0 utilizando o modo 2. Em seguida, este conjunto é utilizado como R1 na segunda iteração e R0 é utilizado como L1 da segunda iteração. Assim, a encriptação da primeira iteração está concluída.

5. A encriptação da segunda iteração até à décima sexta iteração foram utilizadas chaves de encriptação para as subchaves K2 ... K16, e os seus processos são iguais aos da encriptação da primeira iteração.

No final da encriptação da décima sexta iteração, cria um conjunto de dados de 64 bits. Os 32 bits da esquerda são considerados R16 e os 32 bits da direita são L16. Após a fusão dos dois lados, as mensagens cifradas de 64 bits serão obtidas pelos dados reorganizados através da permutação inicial inversa IP-1. Neste momento, todo o processo de encriptação está concluído.

Tingyuan Nie e Teng Zhang descrevem o fluxo do algoritmo DES. O DES é uma cifra de bloco de 64 bits com uma chave de 56 bits. O algoritmo processa uma permutação inicial, dezasseis rondas de cifra de bloco e uma permutação final. Fundamentalmente, o DES efectua apenas duas operações na sua entrada, deslocamento de bits e substituição de bits. A chave controla exatamente a forma como este processo funciona. Ao efetuar estas operações repetidamente e de uma forma não linear, obtém-se um resultado que não pode ser utilizado para recuperar o original sem a chave. Ao aplicar repetidamente operações relativamente simples, um sistema pode atingir um estado de aleatoriedade quase total.

O DES funciona com 64 bits de dados de cada vez. Cada 64 bits de dados é iterado de 1 a 16 vezes (16 é o padrão DES). Para cada iteração, um subconjunto de 48 bits da chave de 56 bits é introduzido no bloco de encriptação representado pelo retângulo a tracejado acima. A desencriptação é o inverso do processo de encriptação. Na verdade, consiste em várias transformações diferentes e substituições não lineares.

Resumo

Este capítulo analisa o material relevante para o sistema de reconhecimento de matrículas e a transmissão de caracteres através da segurança da rede. Foram discutidas as técnicas relevantes do sistema. São apresentados vários sistemas de reconhecimento de matrículas disponíveis comercialmente e desenvolvidos. No caso da aquisição de imagens, um sistema de deteção que utiliza dois dispositivos de carga acoplada com um prisma fornece uma melhor entrada para o sistema.

A principal caraterística deste sistema de deteção é o facto de abranger amplas condições de iluminação, desde o crepúsculo até ao meio-dia, sob a luz do sol, e de ser capaz de captar imagens de veículos em movimento rápido sem desfocar a câmara de vídeo com um fotograma. No caso da extração de matrículas, a transformada de Hough foi utilizada para extrair as matrículas, armazenando a informação dos bordos horizontal e vertical.

Mas a vantagem é que este método requer muita memória e é computacionalmente dispendioso. Na fase de segmentação, foram apresentadas várias técnicas de segmentação. Em seguida, a literatura sobre o reconhecimento de caracteres utilizando várias abordagens também foi discutida. Também são abordados conceitos como esteganografia, criptografia e segurança de rede. São explicadas as técnicas de incorporação e de encriptação-desencriptação.

Capítulo - 2 Perceção do sistema

O sistema de reconhecimento de matrículas é implementado para ajudar o ser humano a detetar automaticamente as matrículas sem supervisão humana. Anteriormente, era necessário observar e listar manualmente a matrícula do utilizador. Assim, esta dissertação ajuda no desenvolvimento para substituir o ser humano para monitorizar a matrícula e capturar automaticamente a imagem. Para além disso, o sistema pode mostrar automaticamente o estado do carro, comparando as matrículas reconhecidas com a base de dados.

A esteganografia e a encriptação são ambas utilizadas para garantir a confidencialidade dos dados. No entanto, a principal diferença entre elas é que, com a cifragem, qualquer pessoa pode ver que ambas as partes estão a comunicar em segredo. A esteganografia oculta a existência de uma mensagem secreta e, na melhor das hipóteses, ninguém pode ver que ambas as partes estão a comunicar em segredo.

2.1 Motivação

Para extrair a região da placa, são utilizadas diferentes técnicas, como a extraçao de bordos, a transformada de Hough, a análise de histogramas e operadores morfológicos. Uma abordagem baseada nos bordos é normalmente simples e rápida. A transformada de Hough para a deteção de linhas tem um efeito positivo em imagens com uma grande região de matrículas, onde se pode assumir que a forma da matrícula é definida por linhas. No entanto, necessita de um grande espaço de memória e de uma quantidade considerável de tempo de computação. A abordagem baseada no histograma não funciona corretamente na imagem com ruído e na imagem com a chapa inclinada. A morfologia é conhecida por ser resistente aos sinais de ruído. O sistema de reconhecimento de matrículas tem sido aplicado em diferentes aplicações de transporte desde o seu lançamento no mundo comercial no início da década de 1980. Essas aplicações envolvem a aplicação da lei, a monitorização de veículos e o controlo de acessos. No que se refere à aplicação da lei, o reconhecimento de matrículas pode funcionar como um sistema de fundo para a cobrança eletrónica de portagens, identificando os infractores, ou pode ser utilizado para impor o limite de velocidade num segmento rodoviário. No controlo de acesso, as matrículas dos veículos são reconhecidas e verificadas numa base de dados para permitir ou recusar o acesso a uma instalação.

Tirando partido da perceção humana, é possível incorporar dados num ficheiro. É evidente que a incorporação da marca nas partes significativas do ficheiro resultará numa perda de qualidade, uma vez que parte da informação se perderá. Uma técnica simples envolve a incorporação da marca nos bits menos significativos, o que minimizará a distorção. No entanto, também torna relativamente fácil localizar e remover a marca. Uma melhoria consiste em incorporar a marca apenas nos bits menos significativos de dados escolhidos aleatoriamente dentro do ficheiro. No entanto, muitos dos formatos utilizados para suportes digitais tiram partido das normas de compressão, como o JPEG, para reduzir o tamanho dos ficheiros, removendo as partes que não são perceptíveis para os utilizadores. Por conseguinte, a marca deve ser incorporada nas partes perceptualmente mais significativas do ficheiro para garantir que sobrevive ao processo de compressão.

Neste sistema, serão desenvolvidas e analisadas várias técnicas diferentes de ocultação de informação. Os meios envolvidos variam de imagens a texto simples. Embora algumas técnicas possam ser utilizadas para ocultar um determinado tipo de informação, na maioria dos casos podem ser ocultadas diferentes informações, consoante as restrições de espaço.

Entre os sistemas de transporte inteligentes, a identificação automática de veículos é uma ferramenta poderosa para a gestão eletrónica de portagens e de tráfego, operações de veículos comerciais, aplicação da lei relativa aos veículos a motor, inquérito origem-destino e controlo de acesso, entre outras aplicações. Todas estas aplicações requerem uma identificação única de um veículo num ponto de controlo, e algumas delas requerem também que um veículo seja seguido em vários pontos, por exemplo, no controlo da velocidade. Para ser identificável, um veículo deve estar equipado com um dispositivo que emita a informação do proprietário do veículo para um leitor num ponto de controlo.

Embora este seja o método mais preciso de identificação, suscita algumas preocupações quanto à privacidade e, dependendo da aplicação, por exemplo, da cobrança eletrónica de portagens, não é razoável acreditar que todos os veículos visados possuam tais dispositivos. Existe outra forma de identificar veículos, que consiste em ler automaticamente os caracteres dos números das matrículas, utilizando sistemas de reconhecimento de matrículas. Estes sistemas são desenvolvidos com o objetivo principal de interpretar os caracteres alfanuméricos das matrículas dos veículos sem intervenção humana.

Assim, assentam em três componentes principais: um processador de aquisição de imagens, um motor de reconhecimento de caracteres e um computador para armazenar os dados. Basicamente, a operação de Reconhecimento de Matrículas consiste em capturar, reconhecer e armazenar informações como imagens, números de matrículas e localização numa base de dados para verificação online ou análise posterior. A abordagem apresentada nesta dissertação consiste em extrair a região da matrícula a partir de imagens tiradas de parques de estacionamento interiores, que sofrem de vários problemas do mundo real, como condições de iluminação, luminância, condições climatéricas, etc.

A principal razão para selecionar esteganografia entre a lista de possíveis tópicos do sistema deveu-se ao facto de a palavra não ser familiar e ter despertado o interesse pelo assunto. Outra motivação para pesquisar o tópico foi a leitura de um artigo online no USA Today intitulado "Terror groups hide behind Web encryption" (Grupos terroristas escondem-se atrás da encriptação da Web) que afirma que os terroristas e, em particular, Osama bin Laden e a rede al-Qaida, podem estar a utilizar a esteganografia para comunicar entre si no planeamento de ataques terroristas. Pensa-se que as imagens com mensagens ocultas são colocadas em quadros de avisos ou em "dead drops" para que outros terroristas as apanhem e recuperem. Até à data, esta suposição ainda não foi comprovada.

A criptografia envolve a encriptação de dados de modo a que qualquer indivíduo que encontre os dados não os consiga desencriptar sem conhecer o método correto, normalmente através de algum contacto/acordo com o encriptador original. O objetivo da esteganografia é evitar levantar suspeitas sobre a transmissão de uma mensagem oculta. Se a suspeita for levantada, este objetivo é derrotado. Assim, essencialmente, com a esteganografia, o objeto real da transmissão da mensagem (seja uma imagem, um som ou um texto) não é tocado, mas está escondido noutra fonte. A criptografia encripta o objeto real da transmissão para garantir a sua integridade; não é escondido, mas apenas cifrado. A esteganografia pode envolver a criptografia através da ocultação de um objeto cifrado, mas normalmente não é esse o caso, possivelmente devido às dificuldades que existem em ocultar o objeto em primeiro lugar, sem sequer considerar se o objeto está cifrado.

2.2 Conceitos básicos

2.2.1 Binarização

A imagem que é adicionada ao software está em formato de cor, que precisa de ser convertida em formato binário para poder ser utilizada. A imagem é convertida para o formato a preto e branco, o que facilita o seu processamento posterior.

2.2.2 Localização de placas

É responsável por encontrar e isolar a matrícula na imagem. A chapa de matrícula é definida como uma área retangular com uma maior ocorrência de arestas horizontais e verticais. A elevada densidade de arestas horizontais e verticais numa pequena área é causada pelo contraste dos caracteres da matrícula. A deteção de uma área de matrícula consiste numa série de operações de convolução. O instantâneo modificado é depois projetado nos eixos x e y. Estas projecções são utilizadas para determinar a área de uma chapa de matrícula.

2.2.3 Normalização

Ajusta o brilho e o contraste da imagem. As caraterísticas de brilho e contraste dos caracteres segmentados variam devido às diferentes condições de luz durante a captura. Por isso, é necessário normalizá-los. Isto significa que ajustamos o brilho e o contraste da imagem de modo a obter o melhor resultado possível.

2.2.4 Segmentação de caracteres

Encontra os caracteres individuais nas placas. A segmentação é o processo de dividir a imagem em algumas partes constituintes, de modo a que o processamento possa extrair qualquer parte da imagem para processamento posterior. A segmentação baseia-se geralmente na descontinuidade e na semelhança do nível de cinzento dentro da imagem.

2.2.5 OCR (reconhecimento ótico de caracteres)

O reconhecimento ótico de caracteres, normalmente abreviado para OCR, é a tradução mecânica ou eletrónica de imagens de texto manuscrito, dactilografado ou impresso em texto editável por máquina. O OCR é um domínio de investigação em reconhecimento de padrões, inteligência artificial e visão artificial. Embora a investigação académica neste domínio continue, o foco do OCR passou a ser a implementação de técnicas comprovadas. O reconhecimento ótico de caracteres e o reconhecimento digital de caracteres eram originalmente considerados campos separados. Dado que ainda existem muito poucas aplicações que utilizem verdadeiras técnicas ópticas, o termo OCR foi alargado para incluir também o processamento digital de imagens.

2.2.6 Rede Neural

Uma rede neuronal envolve normalmente um grande número de processadores a funcionar em paralelo, cada um com a sua própria pequena esfera de conhecimento e acesso aos dados na sua memória local. Normalmente, uma rede neuronal é inicialmente "treinada" ou alimentada com grandes quantidades de dados e regras sobre as relações entre os dados. As redes neuronais são por vezes descritas em termos de camadas de conhecimento, sendo que, em geral, as redes mais complexas têm camadas mais profundas. Nos sistemas *feed forward*, as relações aprendidas sobre os dados podem "alimentar" camadas superiores de conhecimento. As redes neuronais também podem aprender conceitos temporais e têm sido amplamente utilizadas no processamento de sinais e na análise de séries temporais.

2.2.7 Esteganografia

A esteganografia é a ocultação de uma mensagem secreta dentro de uma mensagem normal e a sua extração no destino. A esteganografia leva a criptografia um passo mais longe, escondendo uma mensagem encriptada de modo a que ninguém suspeite da sua existência. Idealmente, qualquer pessoa que analise os seus dados não saberá que estes contêm dados encriptados.

Na esteganografia digital moderna, os dados são primeiro encriptados pelos meios habituais e depois inseridos, utilizando um algoritmo especial, em dados redundantes (ou seja, fornecidos mas desnecessários) que fazem parte de um formato de ficheiro específico, como uma imagem JPEG. Ao aplicar os dados cifrados a estes dados redundantes de uma forma aleatória ou não visível, o resultado serão dados que parecem ter os padrões de "ruído" dos dados normais não cifrados.

2.2.8 Criptografia

A criptografia é a ciência da segurança da informação. A criptografia está intimamente relacionada com as disciplinas de criptologia e criptanálise. A criptografia inclui técnicas como a fusão de palavras com imagens e outras formas de ocultar informações em armazenamento ou em trânsito.

No entanto, no mundo atual, centrado nos computadores, a criptografia está mais frequentemente associada à transformação de texto simples (texto normal, por vezes designado por texto claro) em texto cifrado (um processo designado por encriptação) e, em seguida, de novo (designado por desencriptação).

A criptografia moderna preocupa-se com os quatro objectivos seguintes:

1) **Confidencialidade**: a informação não pode ser compreendida por alguém a quem não se destina.

2) **Integridade**: a informação não pode ser alterada durante o armazenamento ou o trânsito entre o emissor e o recetor previsto sem que a alteração seja detectada.

3) **Não repúdio**: o criador/emissor da informação não pode negar, numa fase posterior, as suas intenções na criação ou transmissão da informação.

4) **Autenticação**: o emissor e o recetor podem confirmar a identidade um do outro e a origem/destino da informação.

2.3 Implementação de métodos de encriptação e desencriptação

2.3.1 História

A norma de encriptação de dados (DES) foi desenvolvida na década de 1970 pelo National Bureau of Standards com a ajuda da National Security Agency. O seu objetivo é fornecer um método normalizado para proteger dados comerciais sensíveis e não classificados. A Norma de Encriptação de Dados (DES) é o nome da Norma Federal de Processamento de Informação (FIPS) 46-3, que descreve o algoritmo de encriptação de dados (DEA). O DEA também é definido na norma ANSI X3.92. O DEA é uma melhoria do algoritmo Lucifer desenvolvido pela IBM no início da década de 1970. A IBM, a National Security Agency (NSA) e o National Bureau of Standards (NBS, atualmente National Institute of Standards and Technology NIST) desenvolveram o algoritmo. O DES tem sido amplamente estudado desde a sua publicação e é o algoritmo simétrico mais utilizado no mundo.

O DES tem um tamanho de bloco de 64 bits e utiliza uma chave de 56 bits durante a execução (8 bits de paridade são retirados da chave completa de 64 bits). O DES é um criptosistema simétrico, especificamente uma cifra

Feistel de 16 rondas.

Quando utilizado para comunicação, tanto o emissor como o recetor devem conhecer a mesma chave secreta, que pode ser utilizada para encriptar e desencriptar a mensagem, ou para gerar e verificar um Código de Autenticação de Mensagem (MAC). O DES também pode ser utilizado para encriptação de um único utilizador, por exemplo, para armazenar ficheiros num disco rígido de forma encriptada.

2.3.2 Algoritmo

Fundamentalmente, o DES efectua apenas duas operações na sua entrada: deslocamento de bits e substituição de bits. A chave controla exatamente a forma como este processo funciona. Ao efetuar estas operações repetidamente e de forma não linear, obtém-se um resultado que não pode ser utilizado para recuperar o original sem a chave. Ao aplicar repetidamente operações relativamente simples, um sistema pode atingir um estado de aleatoriedade quase total.

O DES funciona com 64 bits de dados de cada vez. Cada 64 bits de dados é iterado de 1 a 16 vezes (16 é o padrão DES). Para cada iteração, um subconjunto de 48 bits da chave de 56 bits é introduzido no bloco de encriptação representado pelo retângulo a tracejado acima. A desencriptação é o inverso do processo de encriptação. Na verdade, consiste em várias transformações diferentes e substituições não lineares.

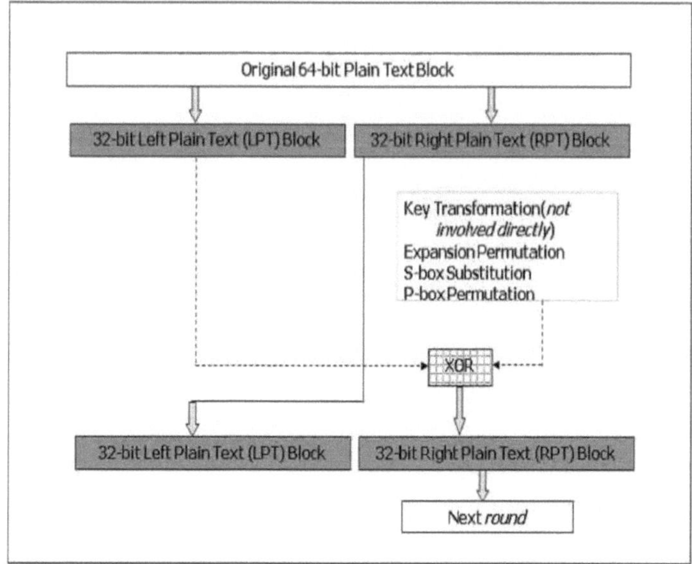

Figura 2.1: Diagrama de blocos DES

2.3.3 Segurança em DES

Os utilizadores estarão muito provavelmente sujeitos a ataques de texto cifrado apenas. Trata-se de um ataque em que o criptógrafo tem acesso apenas aos documentos cifrados. Nestas condições, não existe nenhum método de ataque conhecido que seja melhor do que adivinhar aleatoriamente as chaves. A versão limitada do DES tem 2^32 ou 4.294.967.296 chaves possíveis. A versão completa do DES tem 2^56 ou 72.057.594.037.900.000 chaves possíveis.

2.3.4 Explicação

Esta secção fornece uma descrição completa de um algoritmo matemático para encriptar (cifrar) e decifrar (decifrar) informação codificada em binário. A encriptação de dados converte-os numa forma ininteligível designada por cifra. A descodificação da cifra converte os dados de volta à sua forma original, designada por texto simples. O algoritmo descrito nesta norma especifica as operações de cifragem e de decifragem que se baseiam num número binário designado por chave.

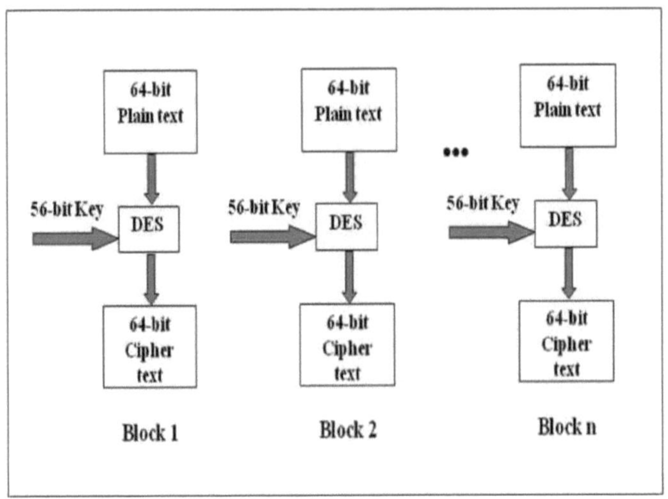

Figura 2.2: Visão concetual do DES

Uma chave consiste em 64 dígitos binários ("O "s ou "1 "s), dos quais 56 bits são gerados aleatoriamente e utilizados diretamente pelo algoritmo. Os outros 8 bits, que não são utilizados pelo algoritmo, são utilizados para a deteção de erros. Os 8 bits de deteção de erros são definidos de modo a que a paridade de cada byte de 8 bits da chave seja ímpar, ou seja, que exista um número ímpar de "1 "s em cada byte de 8 bits.

Os utilizadores autorizados de dados informáticos cifrados devem possuir a chave utilizada para cifrar os dados, a fim de os decifrar. O algoritmo de cifragem especificado nesta norma é comummente conhecido entre os utilizadores da norma. A chave única escolhida para utilização numa determinada aplicação torna únicos os resultados da cifragem de dados utilizando o algoritmo. A seleção de uma chave diferente faz com que a cifra produzida para um dado conjunto de entradas seja diferente. A segurança criptográfica dos dados depende da segurança fornecida pela chave utilizada para cifrar e decifrar os dados. Os dados só podem ser recuperados da cifra utilizando exatamente a mesma chave utilizada para os decifrar. Os destinatários não autorizados da cifra, que conhecem o algoritmo mas não têm a chave correta, não podem obter os dados originais algoritmicamente. No entanto, qualquer pessoa que tenha a chave e o algoritmo pode facilmente decifrar a cifra e obter os dados originais. Um algoritmo normalizado baseado numa chave segura fornece, assim, uma base para a troca de dados informáticos cifrados, emitindo a chave utilizada para os cifrar a quem está autorizado a ter os dados.

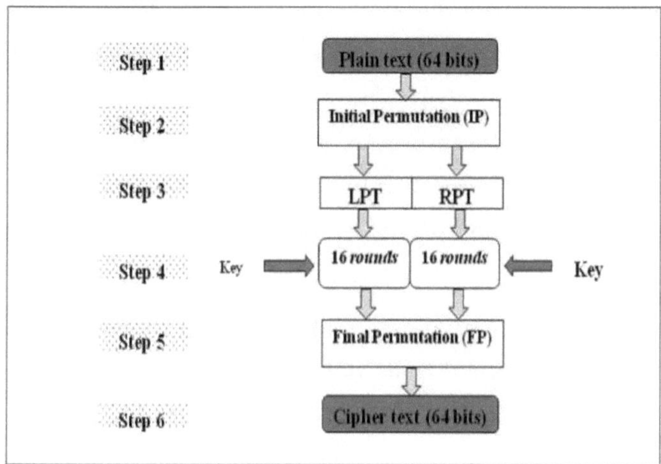

Figure 2.3: Etapas do DES

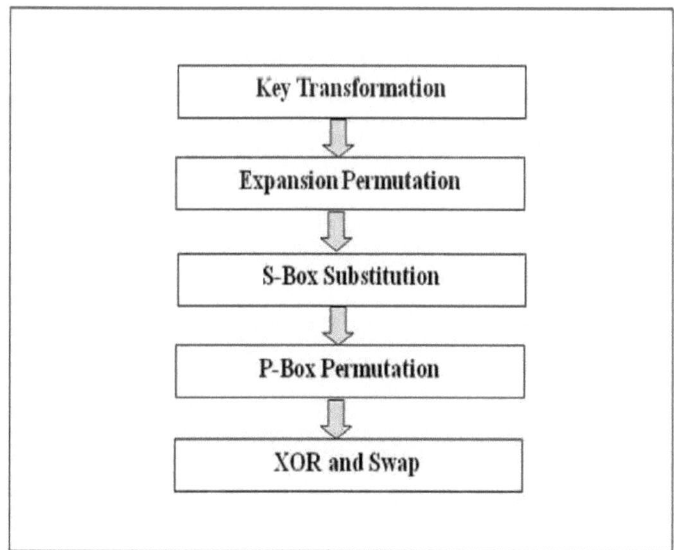

Figure 2.4: Detalhes de uma ronda no DES

Os dados que são considerados sensíveis pela autoridade responsável, os dados que têm um valor elevado ou os dados que representam um valor elevado devem ser protegidos criptograficamente se forem vulneráveis a uma divulgação não autorizada ou a uma modificação não detectada durante a transmissão ou durante o armazenamento. Deve ser efectuada uma análise de risco sob a direção de uma autoridade responsável para determinar as potenciais ameaças. Devem ser projectados os custos do fornecimento de proteção criptográfica utilizando esta norma, bem como métodos alternativos de fornecimento dessa proteção e os respectivos custos. A autoridade responsável deverá então tomar uma decisão, com base nestas análises, sobre a utilização ou não da proteção criptográfica e desta norma.

O algoritmo foi concebido para cifrar e decifrar blocos de dados constituídos por 64 bits sob o controlo de uma chave de 64 bits. A decifração deve ser efectuada utilizando a mesma chave que para a cifragem, mas com o calendário de endereçamento dos bits-chave alterado de modo a que o processo de decifração seja o inverso do processo de cifragem. Um bloco a ser cifrado é submetido a uma permutação inicial IP, depois a um complexo cálculo dependente da chave e, finalmente, a uma permutação que é o inverso da permutação inicial IP inversa. O cálculo dependente da chave pode ser simplesmente definido em termos de uma função ***f***, designada por função de cifra, e de uma função KS, designada por programa de chaves. Em primeiro lugar, é apresentada uma descrição do cálculo, juntamente com pormenores sobre a forma como o algoritmo é utilizado para a cifragem.

O DES encripta e desencripta dados em blocos de 64 bits, utilizando uma chave de 64 bits (embora a força efectiva da chave seja de apenas 56 bits, como se explica abaixo). Recebe um bloco de 64 bits de texto simples como entrada e produz um bloco de 64 bits de texto cifrado. Uma vez que opera sempre em blocos de igual dimensão e utiliza permutações e substituições no algoritmo, o DES é simultaneamente uma cifra de bloco e uma cifra de produto.

O DES tem 16 rondas, o que significa que o algoritmo principal é repetido 16 vezes para produzir o texto cifrado. Verificou-se que o número de rondas é exponencialmente proporcional à quantidade de tempo necessária para encontrar uma chave utilizando um ataque de força bruta. Assim, à medida que o número de rondas aumenta, a segurança do algoritmo aumenta exponencialmente.

2.3.5 Programação de chaves

Embora a chave de entrada para o DES tenha 64 bits de comprimento, a chave real utilizada pelo DES tem apenas 56 bits de comprimento. O bit menos significativo (mais à direita) em cada byte é um bit de paridade e deve ser definido de modo a que haja sempre um número ímpar de 1s em cada byte. Esses bits de paridade são ignorados, de modo que apenas os sete bits mais significativos de cada byte são usados, resultando em um comprimento de chave de 56 bits.

O primeiro passo é passar a chave de 64 bits por uma permutação chamada Permuted Choice 1, ou PC-1. A tabela para isso é dada abaixo. Note-se que em todas as descrições subsequentes de números de bits, 1 é o bit mais à esquerda no número, e n é o bit mais à direita.

Por exemplo, podemos usar a tabela PC-1 para descobrir como o bit 30 da chave original de 64 bits se transforma em um bit na nova chave de 56 bits. Encontre o número 30 na tabela e observe que ele pertence à coluna 5 e à linha 36. Some o valor da linha e da coluna para encontrar a nova posição do bit dentro da chave. Para o bit 30, 36 + 5 = 41, então o bit 30 se torna o bit 41 da nova chave de 56 bits. Note que os bits 8, 16, 24, 32, 40, 48, 56 e 64 da chave original não estão na tabela. Estes são os bits de paridade não utilizados que são descartados quando a chave final de 56 bits é criada.

Agora que temos a chave de 56 bits, o passo seguinte é utilizar esta chave para gerar 16 subchaves de 48 bits, designadas por K[1]-K[16], que são utilizadas nas 16 rondas do DES para encriptação e desencriptação. O procedimento para gerar as subchaves, conhecido como programação de chaves, é bastante simples:

1. Definir o número redondo R para 1.

2. Dividir a chave atual de 56 bits, K, em dois blocos de 28 bits, L (a metade esquerda) e R (a metade direita).

3. Rodar L para a esquerda com o número de bits especificado na tabela abaixo e rodar R para a esquerda com o mesmo número de bits.

4. Juntar L e R para obter o novo K.

5. Aplicar a Escolha Permutada 2 (PC-2) a K para obter o K[R] final, em que R é o número redondo em que nos encontramos.

6. Incrementar R em 1 e repetir o procedimento até termos as 16 subchaves K[1]-K[16].

2.3.6 Preparação do Plaintext

Uma vez efectuado o escalonamento das chaves, o passo seguinte é preparar o texto simples para a encriptação propriamente dita. Isto é feito passando o texto simples por uma permutação chamada Permutação Inicial, ou IP para abreviar. Esta tabela também tem uma inversa, chamada Permutação Inicial Inversa, ou IP^(-1). Por vezes, a IP^(-1) também é chamada Permutação Final.

Estas tabelas são utilizadas tal como PC-1 e PC-2 para a programação de chaves. Ao olhar para a tabela, torna-se evidente porque é que uma permutação é chamada o inverso da outra. Por exemplo, vamos examinar como o bit 32 é transformado em IP. Na tabela, o bit 32 está localizado na intersecção da coluna 4 com a linha 25. Assim, este bit torna-se no bit 29 do bloco de 64 bits após a permutação. Agora vamos aplicar IP^(-1). Em IP^(-1), o bit 29 está localizado na intersecção da coluna 7 com a linha 25. Assim, este bit torna-se no bit 32 após a permutação. E esta é a posição do bit com que começámos antes da primeira permutação. Portanto, IP^(-1) é realmente o inverso de IP. Faz exatamente o oposto do IP. Se passarmos um bloco de texto simples pelo IP e depois passarmos o bloco resultante pelo IP^(- 1), ficamos com o bloco original.

Uma vez concluídos o escalonamento da chave e a preparação do texto simples, a encriptação ou desencriptação propriamente dita é efectuada pelo algoritmo DES principal. O bloco de 64 bits de dados de entrada é primeiro dividido em duas metades, L e R. L são os 32 bits mais à esquerda e R são os 32 bits mais à direita. O processo seguinte é repetido 16 vezes, constituindo as 16 rondas do DES standard. Chamamos aos 16 conjuntos de metades L[0]-L[15] e R[0]-R[15].

1. R[I-1] - onde I é o número redondo, começando em 1 - é tomado e introduzido na Tabela de Seleção de E-Bit, que é como uma permutação, exceto que alguns dos bits são usados mais do que uma vez. Isto expande o número R[I-1] de 32 para 48 bits para preparar o passo seguinte.

2. O R[I-1] de 48 bits é XORed com K[I] e armazenado num buffer temporário para que R[I-1] não seja modificado.

3. O resultado do passo anterior é agora dividido em 8 segmentos de 6 bits cada. Os 6 bits mais à esquerda são B[1], e os 6 bits mais à direita são B[8]. Estes blocos formam o índice para as S-boxes, que são utilizadas no passo seguinte. As caixas de substituição, conhecidas como S-boxes, são um conjunto de 8 matrizes bidimensionais, cada uma com 4 linhas e 16 colunas. Os números nas caixas têm sempre 4 bits de comprimento, pelo que os seus valores variam de 0-15. As S-boxes são numeradas S[1]-S[8].

4. A partir de B[1], o primeiro e o último bits do bloco de 6 bits são tomados e utilizados como índice para o número da linha de S[1], que pode variar de 0 a 3, e os quatro bits do meio são utilizados como índice para o número da coluna, que pode variar de 0 a 15. O número desta posição na S-box é recuperado e armazenado. Isso é repetido com B[2] e S[2], B[3] e S[3], e os demais até B[8] e S[8]. Nesta altura, temos agora 8 números de 4 bits que, quando encadeados um a seguir ao outro pela ordem de recuperação, dão um resultado de 32 bits.

5. O resultado da fase anterior é agora passado para a Permutação P.

6. Este número é agora XORed com L[I-1], e movido para R[I]. R[I- 1] é movido para L[I].

7. Nesta altura, temos um novo L[I] e R[I]. Aqui, incrementamos I e repetimos a função principal até I = 17, o que significa que foram executadas 16 rondas e que as chaves K[1]-K[16] foram todas utilizadas.

Quando L[16] e R[16] tiverem sido obtidos, são novamente unidos da mesma forma que foram separados (L[16] é a metade esquerda, R[16] é a metade direita), depois as duas metades são trocadas, R[16] passa a ser os 32 bits mais à esquerda e L[16] passa a ser os 32 bits mais à direita do bloco de pré-saída e o número de 64 bits resultante é chamado de pré-saída.

8. 3.7 S-Boxes

O objetivo deste exemplo é clarificar o funcionamento das S-boxes. Suponhamos que temos o seguinte número binário de 48 bits:

011101000101110101000111101000011100101101011101

Para o fazer passar pelos passos 3 e 4 da função de núcleo, tal como descrito acima, o número é dividido em 8 blocos de 6 bits, designados por B[1] a B[8] da esquerda para a direita:

011101 000101 110101 000111 101000 011100 101101 011101

Agora, são extraídos oito números das S-boxes - um de cada caixa:

B[1] = S[1](01, 1110) = S[1][1][14] =3= 0011

B[2] = S[2](01, 0010) = S[2][1][2] =4= 0100

B[3] = S[3](11, 1010) = S[3][3][10] =14= 1110

B[4] = S[4](01, 0011) = S[4][1][3] =5= 0101

B[5] = S[5](10, 0100) = S[5][2][4] =10= 1010

B[6] = S[6](00, 1110) = S[6][0][14] =5= 0101

B[7] = S[7](11, 0110) = S[7][3][6] =10= 1010

B[8] = S[8](01, 1110) = S[8][1][14] = 9= 1001

Em cada caso de S[n][linha][coluna], o primeiro e último bits do B[n] atual são usados como índice de linha, e os quatro bits do meio como índice de coluna. Os resultados são agora unidos para formar um número de 32 bits que serve de entrada para a fase 5 da função principal (a permutação P):

00110100111001011010010110101001

9. 3.8 Preparação do texto cifrado

O passo final consiste em aplicar a permutação IP^(-1) à saída anterior. O resultado é o texto cifrado completamente encriptado.

10. .9 Encriptação e desencriptação

O mesmo algoritmo pode ser utilizado para encriptação ou desencriptação. O método descrito acima encripta um bloco de texto simples e devolve um bloco de texto cifrado. Para decifrar o texto cifrado e obter novamente o texto simples original, o procedimento é simplesmente repetido, mas as subchaves são aplicadas na ordem inversa, de K[16]-K[1]. Ou seja, a fase 2 da função principal, tal como descrita acima, muda de R[I-1] XOR K[I] para R[I-1] XOR K[17-I]. Para além disso, a desencriptação é realizada exatamente da mesma forma que a encriptação.

11. .10 Aplicações

A encriptação de dados (criptografia) é utilizada em várias aplicações e ambientes. A utilização específica da cifragem e a implementação do DES baseiam-se em muitos factores específicos do sistema informático e dos seus componentes associados. Em geral, a criptografia é utilizada para proteger os dados enquanto estão a ser comunicados entre dois pontos ou enquanto estão armazenados num meio vulnerável a roubo físico. A segurança das comunicações protege os dados, cifrando-os no ponto de transmissão e decifrando-os no ponto de receção. A segurança dos ficheiros protege os dados, cifrando-os quando são gravados num suporte de armazenamento e decifrando-os quando são lidos de novo a partir desse suporte. No primeiro caso, a chave deve estar disponível no transmissor e no recetor simultaneamente durante a comunicação. No segundo caso, a chave deve ser mantida e estar acessível durante todo o período de armazenamento.

Capítulo - 3 Sistema proposto e técnicas de implementação

Neste capítulo, são abordados o sistema proposto e as técnicas de implementação do sistema. O sistema está dividido em dois módulos. O primeiro módulo explica o reconhecimento dos caracteres da matrícula do veículo. O segundo módulo explica a técnica de ocultação dos caracteres reconhecidos, ou seja, a matrícula do veículo, numa imagem. São abordadas as técnicas de encriptação e desencriptação.

3.1 Implementação do reconhecimento de matrículas

3.1.1 Introdução

Pensa-se que existem atualmente mais de meio bilião de automóveis nas estradas de todo o mundo. Todos esses veículos têm como principal identificador o número de identificação do veículo. O número de identificação do veículo é, na verdade, um número de licença que indica uma licença legal para participar no tráfego público. Todos os veículos em todo o mundo devem ter o seu número de matrícula - escrito numa chapa de matrícula - afixado na carroçaria (pelo menos na parte de trás) e nenhum veículo sem uma chapa de matrícula devidamente afixada, bem visível e bem legível deve circular nas estradas.

Para processar, ordenar ou analisar dados, toda a gente pensa em utilizar computadores. Se os dados já estiverem no computador, a maioria destas tarefas é bastante fácil de realizar. Escusado será dizer que o número de matrícula é o dado de identificação mais importante que um sistema informático deve tratar quando se trata de veículos.

Suponhamos que o responsável pela segurança de uma empresa gostaria de ter um sistema que dissesse exatamente, em cada momento, onde se encontram os carros da empresa: na garagem ou na estrada. Ao registar todos os movimentos de saída e de entrada na garagem, o sistema poderia sempre dizer qual o carro que está fora e qual o que está dentro. A questão fundamental desta tarefa é que o registo do movimento dos veículos deve ser feito automaticamente pelo sistema, caso contrário seria necessária mão de obra.

O reconhecimento automático de matrículas não significa menos ou mais do que a automatização da introdução de dados. O reconhecimento automático de matrículas substitui, redime a tarefa de introduzir manualmente no sistema informático o número da matrícula do veículo que efectua a ultrapassagem.

Quando se fala em *Sistema de Reconhecimento de Matrículas*, as pessoas normalmente entendem um sistema informático que utiliza o reconhecimento automático de matrículas para automatizar a introdução de dados. Em termos estritos, o sistema de reconhecimento de matrículas é um dispositivo integrado de hardware e software que lê a matrícula do veículo e envia o número da matrícula em ASCII - para um sistema de processamento de dados. Mais uma vez, o reconhecimento de matrículas significa introdução automática de dados, em que *os dados* são iguais ao número de matrícula do veículo.

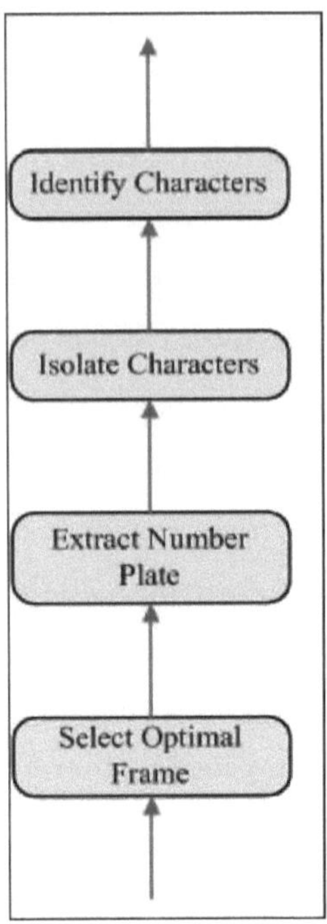

Figura 3.1: Diagrama de blocos do reconhecimento de matrículas

3.1.2 Funcionamento do sistema de reconhecimento de matrículas

Os pontos seguintes explicam em pormenor a arquitetura do sistema que está a ser implementado. As várias funções de cada módulo/classe são explicadas quanto ao que fazem, qual será a sua saída e qual será a sua entrada para o módulo seguinte. Isto ajuda a compreender o sistema em pormenor.

Quando o veículo se aproxima da área segura, a unidade de reconhecimento de matrículas detecta o veículo e ativa a iluminação. A unidade de reconhecimento de matrículas tira fotografias das matrículas dianteiras ou traseiras a partir da câmara de reconhecimento de matrículas. A imagem do veículo contém a matrícula.

A unidade de reconhecimento de matrículas alimenta o sistema com a imagem de entrada. O sistema melhora a imagem, detecta a posição da chapa, extrai a chapa, segmenta os caracteres da chapa e reconhece os caracteres segmentados.

O sistema apresentado foi concebido para reconhecer chapas de matrícula da frente e da retaguarda do veículo. A entrada para o sistema é uma sequência de imagens adquirida por uma câmara digital que consiste numa matrícula e a saída é o reconhecimento dos caracteres da matrícula. O sistema é composto pelos seguintes módulos standard:

1. Deteção de bordos
2. Seleção da banda provável
3. Localização de matrículas
4. Deteção de distorção e remoção de distorção
5. Segmentação de caracteres
6. Reconhecimento de caracteres

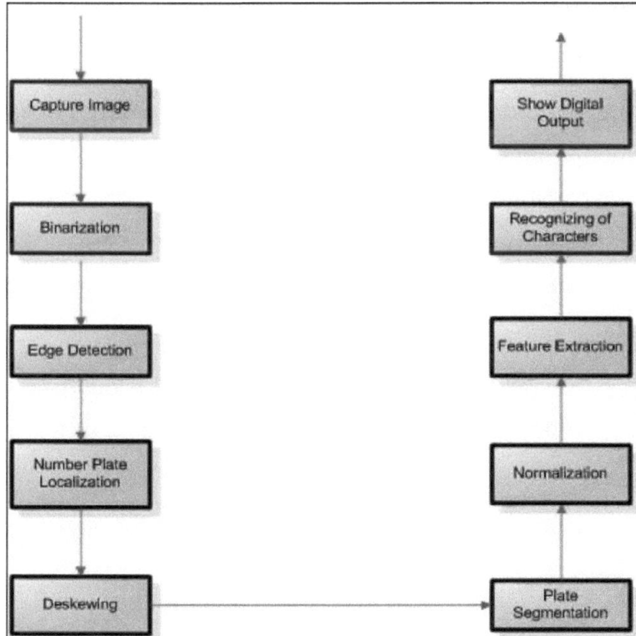

Figura 3.2: Arquitetura do sistema

3.1.3 Binarização

A binarização é o passo em que a imagem adicionada, que está em formato de cor, é convertida em formato binário. A imagem é convertida para o formato a preto e branco, o que facilita o processamento posterior da imagem.

3.1.4 . Deteção de bordos

Definamos a chapa de matrícula como uma área retangular com uma maior ocorrência de arestas horizontais e verticais. A elevada densidade de arestas horizontais e verticais numa pequena área é, em muitos casos, causada por caracteres de contraste de uma chapa de matrícula, mas não em todos os casos. Este processo pode, por vezes, detetar uma área errada que não corresponde a uma chapa de matrícula. Por este motivo, é frequente detectarmos vários candidatos para a matrícula e escolhermos o melhor através de uma análise heurística.

1.1.1.1 Matrizes de convolução

Cada operação de imagem é definida por uma matriz de convolução. A matriz de convolução define o modo como o pixel específico é afetado pelos pixels vizinhos no processo de convolução. As células individuais na matriz representam os vizinhos relacionados com o pixel situado no centro da matriz. O pixel representado pela célula y é afetado pelos pixels x x_0 $_8$ de acordo com a fórmula:

$y = x_0 \text{ x } m_0 + x_1 \text{ x } m_1 + x_2 \text{ x } m_2 + x_3 \text{ x } m_3 + x_4 \text{ x } m_4 + x_5 \text{ x } m_5 + x_6 \text{ x } m_6 + x_7 \text{ x } m_7 + x_8 \text{ x } m_8$ em que m representa a matriz, x representa a linha e y representa a coluna.

Para detetar a área da chapa de matrícula, temos de sistematizar a imagem sob a forma de arestas. Para isso, temos de aplicar a projeção horizontal e vertical das arestas.

1.1.1.2 Deteção de bordas horizontais e verticais

Para detetar arestas horizontais e verticais, convoluimos a imagem de origem com as matrizes m_{he} e m_{ve} . As matrizes de convolução são normalmente muito mais pequenas do que a imagem real. Além disso, podemos utilizar matrizes maiores para detetar arestas mais grosseiras.

1.1.1.3 Detetor de bordos Sobel

O detetor de arestas Sobel utiliza um par de matrizes de convolução 3x3. A primeira é dedicada à avaliação das arestas verticais e a segunda à avaliação das arestas horizontais.

A magnitude do pixel afetado é então calculada através da fórmula

$$G = \sqrt{G_x^{\,2} + G_y^{\,2}} \, .$$

Nesta secção, é explicada a técnica de deteção da chapa de matrícula. O bordo da chapa de matrícula é detectado na horizontal e na vertical.

3.1.5 Projeção de imagem horizontal e vertical

Após a série de operações de convolução, podemos detetar uma área da matrícula de acordo com uma estatística do instantâneo. Existem vários métodos de análise estatística. Um deles é a projeção horizontal e vertical de uma imagem nos eixos x e y.

A projeção vertical da imagem é um gráfico que representa uma grandeza global da imagem segundo o eixo y. Se calcularmos a projeção vertical da imagem após a aplicação do filtro de deteção de arestas verticais, a grandeza de um determinado ponto representa a ocorrência de arestas verticais nesse ponto. Assim, a projeção vertical da imagem assim transformada pode ser utilizada para a localização vertical da matrícula. A projeção horizontal representa uma grandeza global da imagem mapeada no eixo x.

3.1.6 Análise estatística de imagens em duas fases

A análise estatística da imagem consiste em duas fases. A primeira fase abrange a deteção de uma área mais vasta da chapa de matrícula. Esta área é depois desequipada e processada na segunda fase da análise. O resultado da análise de dupla fase é uma área exacta da chapa de matrícula. Estas duas fases baseiam-se no mesmo princípio, mas existem diferenças nos coeficientes, que são utilizados para determinar os limites das áreas recortadas.

A deteção da área da chapa de matrícula consiste num "recorte de banda" e num "recorte de chapa". O recorte da banda é uma operação utilizada para detetar e recortar a zona vertical da chapa de matrícula (a chamada banda) através da análise da projeção vertical da imagem instantânea. O recorte da chapa é uma operação consequente, que é utilizada para detetar e recortar a chapa da banda (e não de toda a imagem instantânea) através de uma análise horizontal dessa banda.

1. Instantâneo

Assumir que a imagem instantânea é representada por uma função $f(x, y)$, em que $x_0 \leq x \leq x_1$ e $y_0 \leq y \leq y_1$. O $[x_0, y_0]$ representa o canto superior esquerdo da imagem instantânea e $[x_1, y_1]$ representa o canto inferior direito. Se w e h são dimensões da imagem instantânea, então $x_0 = 0, y_0 = 0, x_1 = w - 1$ e $y_1 = h - 1$.

2. Banda

The band b in the snapshot f is an arbitrary rectangle $b = (x_{b0}, y_{b0}, x_{b1}, y_{b1})$, such as:

$(x_{b0} = x_{min}) \wedge (x_{b1} = x_{max}) \wedge (y_{min} \leq y_{b0} < y_{b1} \wedge y_{max})$

3. Prato

Similarly, the plate p in the band b is an arbitrary rectangle $p = (x_{p0}, y_{p0}, x_{p1}, y_{p1})$, such as: $(x_{b0} \leq x_{p0} \leq x_{p1} \leq x_{b1}) \wedge (y_{p0} = y_{b0}) \wedge (y_{p0} = y_{b0})$

A banda também pode ser definida como uma seleção vertical da imagem instantânea e a placa como uma seleção horizontal da banda. A figura 3.3 demonstra esquematicamente este conceito:

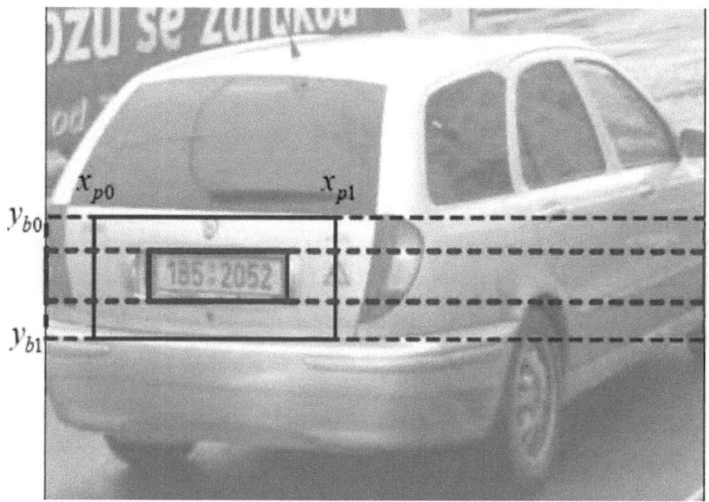

Figura 3.3: O recorte de placa de fase dupla. A cor preta representa a primeira fase do recorte de placas e a cor vermelha representa a segunda. As bandas são representadas por linhas tracejadas e as placas por linhas sólidas.

3.1.6.1 Deteção vertical - recorte de banda

A primeira e a segunda fase do recorte de banda baseiam-se no mesmo princípio. O recorte de bandas é uma seleção vertical da imagem instantânea de acordo com a análise de um gráfico de projeção vertical. Se *h* é a altura da imagem analisada, a projeção vertical correspondente $p^r{}_y(y)$ *contém h* valores, tais como $y \in (0; h-1)$.

3.1.6.2 Deteção horizontal - recorte de placas

Em contraste com o corte de banda, existe uma diferença entre a primeira e a segunda fase do corte de placa.

1.1.1 Primeira fase

Existe uma forte analogia num princípio entre o recorte de banda e o recorte de placa. O recorte de placa baseia-se numa projeção horizontal da banda. Em primeiro lugar, a banda deve ser processada por um filtro de deteção vertical. Se *w* for uma largura da banda (ou uma largura da imagem analisada), a projeção horizontal correspondente $p^r{}_x(x)$ contém valores *w*:

$$p_x(x) = \sum_{j=y_{bo}}^{y_{b1}} f(x, j)$$

1.1.2 Segunda fase

Na segunda fase de deteção, a posição horizontal de uma chapa de matrícula é detectada de outra forma. Devido à correção da inclinação entre a primeira e a segunda fase da análise, a área mais larga da chapa deve ser duplicada num novo mapa de bits. Seja *fn (x, y)* a função correspondente a esse mapa de bits. Esta imagem tem um novo sistema de coordenadas, em que [0, 0] representa o canto superior esquerdo e [*w-1*, *h* -1] o canto inferior direito, sendo *w* e *h* as dimensões da área. Em contraste com a primeira fase de deteção, a placa de origem não foi processada pelo filtro de deteção vertical. Se assumirmos que a placa é branca com bordos pretos, podemos detetar esses bordos como transições de preto para branco e de branco para preto na placa. Para detetar as transições de preto para branco e de branco para preto, é necessário calcular uma derivada $p'_{\chi}(x)$ da projeção $p_x(x)$.

3.1.7 Localização de placas

A chapa de matrícula é definida como uma área retangular com maior ocorrência de arestas horizontais e verticais. A elevada densidade de arestas horizontais e verticais numa pequena área é causada pelos caracteres de contraste de uma chapa de matrícula. A deteção de uma área de matrícula consiste numa série de operações de convolução. O instantâneo modificado é depois projetado nos eixos x e y. Estas projecções são utilizadas para determinar a área de uma chapa de matrícula.

3.1.8 Dessecação

A placa retangular capturada pode ser rodada e inclinada de muitas formas devido ao posicionamento do veículo em relação à câmara. Uma vez que a inclinação degrada significativamente as capacidades de reconhecimento, é importante implementar mecanismos adicionais, capazes de detetar e corrigir as placas inclinadas.

O problema fundamental deste mecanismo é determinar um ângulo, sob o qual a placa está enviesada. Em seguida, a remoção da inclinação da placa assim avaliada pode ser efectuada através de uma transformação afim trivial.

É importante compreender a diferença entre a chapa retangular "cortada" e "rodada". A chapa de matrícula é um objeto no espaço tridimensional, que é projetado na imagem bidimensional durante a captura. O posicionamento do objeto pode, por vezes, causar a distorção de ângulos e proporções.

A transformada de Hough é uma operação especial, que é utilizada para extrair caraterísticas de uma forma específica numa imagem. A transformada de Hough clássica é utilizada para a deteção de linhas. A transformada de Hough é amplamente utilizada para diversos fins na problemática da visão artificial, mas neste caso é utilizada para detetar a inclinação da placa capturada e também para calcular um ângulo de inclinação.

É importante saber que a transformada de Hough não distingue entre os conceitos de "rotação" e "cisalhamento". A transformada de Hough só pode ser utilizada para calcular um ângulo aproximado da imagem num domínio bidimensional.

A representação matemática da reta no sistema de coordenadas ortogonais é a equação $y=a.x+b$, em que a é o declive e b é a secção do eixo y da reta assim definida. Então, a reta é o conjunto de todos os pontos $[x, y]$, para os quais esta equação é válida. Sabemos que a reta contém um número infinito de pontos, assim como existe um número infinito de rectas diferentes que podem passar por um determinado ponto. A relação entre estas duas afirmações é uma ideia básica da transformada de Hough.

A equação $y = a \bullet x + b$ também pode ser escrita como $b = -x \cdot a + y$, onde x e y são parâmetros. Então, a equação define um conjunto de todas as rectas (a, b), que podem atravessar o ponto $[x, y]$. Para cada ponto no sistema de coordenadas "XY", existe uma reta num sistema de coordenadas "AB" (o chamado "espaço de Hough").

3.1.9 Segmentação

A fase seguinte do sistema de reconhecimento de matrículas é o reconhecimento dos caracteres. Depois de dividir a matrícula extraída em imagens de caracteres individuais, o carácter em cada imagem pode ser identificado. Existem muitos métodos utilizados para segmentar os caracteres. A segmentação de matrículas, por vezes referida como isolamento de caracteres, pega na região de interesse e tenta dividi-la em caracteres individuais.

A segmentação de caracteres aplica-se tanto aos procedimentos de formação como aos de leitura. A segmentação de caracteres refere-se ao processo de localizar e separar cada carácter na imagem do fundo. A segmentação de caracteres encontra os caracteres individuais nas placas. A complexidade de cada uma destas subsecções do programa determina a precisão do sistema. A segmentação é um dos processos mais importantes no reconhecimento automático de matrículas, porque todos os passos seguintes dependem dela. Se a segmentação falhar, um carácter pode ser incorretamente dividido em duas partes, ou dois caracteres podem ser incorretamente fundidos.

Podemos utilizar uma projeção horizontal de uma chapa de matrícula para a segmentação ou um dos métodos mais sofisticados, como a segmentação utilizando as redes neuronais. Se assumirmos apenas chapas de uma fila, a segmentação é um processo de encontrar limites horizontais entre caracteres.

A segunda fase da segmentação é um melhoramento dos segmentos. O segmento de uma placa contém, para além do carácter, elementos indesejáveis, tais como pontos e alongamentos, bem como espaço redundante nos lados do carácter. É necessário eliminar estes elementos e extrair apenas o carácter.

3.1.9.1 Segmentação da placa utilizando uma projeção horizontal

Uma vez que a placa segmentada é deskewed, podemos segmentá-la detectando espaços na sua projeção horizontal. Aplicamos frequentemente o filtro de limiarização adaptativa para melhorar uma área da placa antes da segmentação. A limiarização adaptativa é utilizada para separar o primeiro plano escuro do fundo claro com iluminação não uniforme. Pode ver a área da matrícula após a limiarização na figura 3.4.

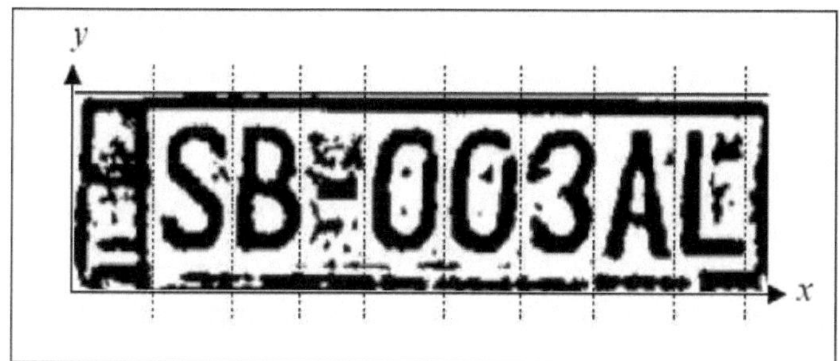

Figura 3.4: Placa de matrícula após a aplicação da limiarização adaptativa

Após a limiarização, calculamos uma projeção horizontal $p_x(x)$ da placa $f(x, y)$. Utilizamos esta projeção para determinar os limites horizontais entre os caracteres segmentados. Estas fronteiras correspondem a picos no gráfico da projeção horizontal (figura 3.5).

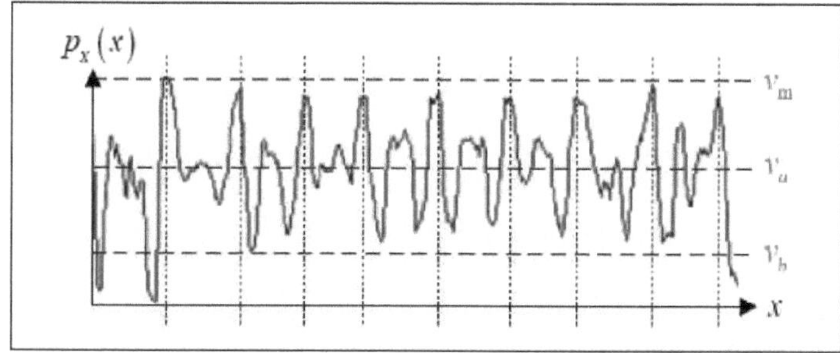

Figura 3.5: Projeção horizontal da placa com os picos detectados

O objetivo do algoritmo de segmentação é encontrar picos, que correspondem aos espaços entre caracteres. Em primeiro lugar, é necessário definir vários valores importantes num gráfico da projeção horizontal $p_x(x)$:

v_m - O valor máximo contido na projeção horizontal $p_x(x)$, *tal* como $v_m = \max \{p_x(\chi)\}$ em que w é a largura da placa em pixels.

v_a - O valor médio da projeção horizontal $p_x(x)$, *tal* como

$$v_a = \frac{1}{w}\sum_{x=0}^{w-1} p_x(x)$$

v_b - Este valor é utilizado como base para a avaliação da altura do pico. O valor de base é sempre calculado como $v_b = 2.\ v_a - v_m$. O v_a deve situar-se no eixo vertical entre os valores v_b e v_m.

O algoritmo de segmentação encontra iterativamente o pico máximo no gráfico de projeção vertical. O pico é tratado como um espaço entre caracteres, se satisfizer algumas condições adicionais, como a altura do pico. O algoritmo zera então o pico e repete este processo iterativamente até que não seja encontrado mais nenhum espaço. Este princípio pode ser ilustrado pelos seguintes passos:

1. Determinar o índice do valor máximo da projeção horizontal: $x_m = \arg\max_{0 \le x \prec w} \{x \mid P_x(x)\}$

2. Detetar o pé esquerdo e direito do pico como:

$$x_l = \arg\max_{0 \le x \prec x_m} \{x \mid P_x(x) \le c_x.P_x(x_m)\}\ ;\ x_r = \arg\min_{0 \le x \prec x_m} \{x \mid P_x(x) \le c_x.P_x(x_m)\}$$

3. Zerar a projeção horizontal $p_x(x)$ no intervalo, $\langle\ x_l, x_r \rangle$
4. Se $p_x(x_m) < (c_w\ .\ v_m)$, , vá para o passo 7.
5. Dividir a placa horizontalmente no ponto x_m.
6. Passar à etapa 1.
7. Fim.

Foram utilizadas duas constantes diferentes no algoritmo acima. A constante c_x é utilizada para determinar os pés do pico x_m. O valor ótimo de c_x *é* 0,7. A constante c_w determina a altura mínima do pico relacionada com o valor máximo da projeção (v_m). Se a altura do pico for inferior a este mínimo, o pico não será considerado como um espaço entre caracteres. É importante escolher cuidadosamente o valor da constante cw. Um valor pequeno inadequado faz com que demasiados picos sejam tratados como espaços e os caracteres sejam incorretamente divididos. Um valor elevado de cw faz com que nem todos os picos regulares sejam tratados como espaços e os caracteres sejam indevidamente unidos. O valor ótimo de cw é 0,86.

3.1.10 Extração de caracteres de segmentos horizontais

O segmento da chapa contém, para além do carácter, espaço redundante e outros elementos indesejáveis. Entendemos por "segmento" a parte de uma chapa de matrícula determinada por um algoritmo de segmentação horizontal. Uma vez que o segmento foi processado por um filtro de limiarização adaptativo, contém apenas pixéis pretos e brancos. Os pixels vizinhos estão agrupados em pedaços maiores, e um deles é um carácter. O nosso objetivo é dividir o segmento em vários pedaços e manter apenas um pedaço que representa o carácter regular. Este conceito é ilustrado na figura 3.6.

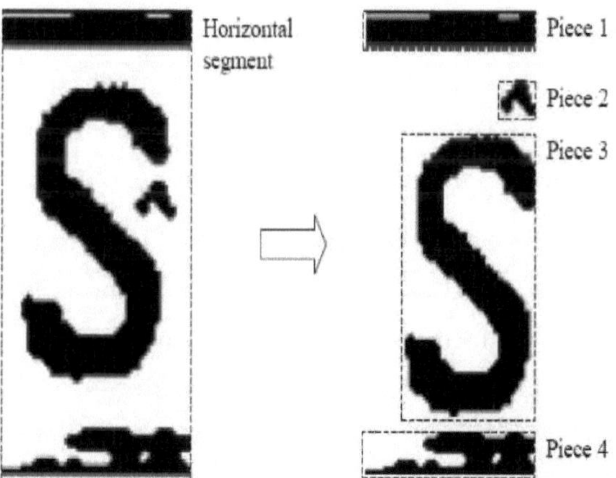

Figura 3.6: O segmento horizontal da matrícula contém várias partes de pixéis vizinhos.

Antes de extrair descritores de caraterísticas de uma representação bitmap de um carácter, é necessário normalizá-la em dimensões unificadas. Entendemos por "reamostragem" o processo de alteração das dimensões do carácter. Como as dimensões originais dos caracteres não normalizados são normalmente mais elevadas do que as normalizadas, os caracteres são, na maioria dos casos, reduzidos. Quando reduzimos a amostragem, estamos a reduzir a informação contida na imagem processada.

Existem vários métodos de reamostragem, como o redimensionamento de píxeis, a interpolação bilinear ou a reamostragem da média ponderada. Não podemos determinar qual é o melhor método em geral, porque o sucesso de um método específico depende de muitos factores. Por exemplo, a utilização da redução da média ponderada em combinação com a deteção das margens dos caracteres não é uma boa solução, porque este tipo de redução não preserva as margens nítidas. Por este motivo, a problemática da reamostragem de caracteres está intimamente associada à problemática da extração de caraterísticas.

Para reconhecer um carácter a partir de uma representação bitmap, é necessário extrair descritores de caraterísticas desse bitmap. Uma vez que um método de extração afecta significativamente a qualidade de todo o processo de OCR, é muito importante extrair caraterísticas que sejam invariantes em relação às várias condições de luz, ao tipo de letra utilizado e às deformações dos caracteres causadas por uma inclinação da imagem.

A descrição dos caracteres normalizados baseia-se nas suas caraterísticas externas, uma vez que se trata apenas de propriedades como a forma do carácter. Assim, o vetor de descritores inclui caraterísticas como o número de linhas, baías, lagos, a quantidade de arestas horizontais, verticais e diagonais, etc. A extração de caraterísticas é um processo de transformação de dados de uma representação bitmap para uma forma de descritores, que são mais adequados para computadores. Se associarmos instâncias semelhantes do mesmo carácter às classes, então os descritores dos caracteres da mesma classe devem estar geometricamente próximos uns dos outros no espaço vetorial. Este é um pressuposto básico para o sucesso do processo de reconhecimento de padrões.

1.1.1.1 1 Algoritmo de extração de caraterísticas

Em primeiro lugar, temos de incorporar o mapa de bits de caracteres $f(x, y)$ num mapa de bits maior com preenchimento branco para garantir um comportamento adequado do algoritmo de extração de caraterísticas. O preenchimento deve ter um pixel de largura. Assim, as dimensões da bitmap de incorporação serão $w+2$ e $h+2$.

O mapa de bits de incorporação $f'(x, y)$ é então definido como:

$$f'(x,y) = \begin{cases} 1 & \text{if } x=0 \vee y=0 \vee x=w+1 \vee y=h+1 \\ f(x-1,y-1) & \text{if } \neg(x=0 \vee y=0 \vee x=w+1 \vee y=h+1) \end{cases}$$

em que w e h são as dimensões do mapa de bits do carácter antes da incorporação. A cor do preenchimento é branca (valor de 1). As coordenadas dos pixéis são deslocadas um pixel em relação à posição original.

A estrutura do vetor de descritores de saída é ilustrada pelo padrão abaixo. A notação hj@ri significa "número de ocorrências de uma aresta representada pela matriz hj na região r_i ".

$X= (h_0@r_0, h_1@r_0, \ldots h_{n-1}@r_0, h_0@r_1, h_1@r_1, \ldots, h_{n-1}@r_1, h_0@r_{p-1}, h_1@r_{p-1}, \ldots, h_{n-1}@ r_{p-1})$

Calculamos a posição k do hj@ri no vetor **x** como $k = i.n+j$, onde n é o número de tipos de arestas diferentes (e também o número de matrizes correspondentes).

O algoritmo seguinte demonstra o cálculo do vetor de descritores **x:**

```
zerosize vector x
for each region r_i, where i∈0,···,ρ−1 do
begin
for each pixel [x, y] in region r_i do
begin
for each matrix h_j, where j∈0,···,n−1 do
begin
```

if $h_j = \begin{bmatrix} f'(x,y) & f'(x+1,y) \\ f'(x,y+1) & f'(x+1,y+1) \end{bmatrix}$ then

```
begin
let k=i.n +j
let x_k= x_k+1
end
end
    end
end
```

3.1.11 Normalização de caracteres

Para reconhecer um carácter a partir de uma representação bitmap, é necessário extrair descritores de caraterísticas desse bitmap. Uma vez que um método de extração afecta significativamente a qualidade de todo o processo de OCR, é muito importante extrair caraterísticas que sejam invariantes em relação às várias condições de luz, ao tipo de letra utilizado e às deformações dos caracteres causadas por uma inclinação da imagem.

O primeiro passo é a normalização do brilho e do contraste dos segmentos de imagem processados. O segundo passo consiste em redimensionar os caracteres contidos nos segmentos de imagem para dimensões uniformes. O terceiro passo é o algoritmo de extração de caraterísticas que extrai os descritores apropriados dos caracteres normalizados.

3.1.11.1 Normalização da luminosidade e do contraste

As caraterísticas de brilho e contraste dos caracteres segmentados variam devido às diferentes condições de luz durante a captura. Por este motivo, é necessário normalizá-los. Existem muitas formas diferentes, mas as três mais utilizadas são: normalização do histograma, limiarização global e adaptativa.

Através da normalização do histograma, as intensidades dos segmentos de caracteres são redistribuídas no histograma para obter as estatísticas normalizadas. As técnicas de limiarização global e adaptativa são utilizadas para obter representações monocromáticas dos segmentos de caracteres processados. A representação monocromática (ou a preto e branco) da imagem é mais adequada para análise, porque define limites claros dos caracteres contidos.

3.1.10.1 Normalização das dimensões e reamostragem

Antes de extrair descritores de caraterísticas de uma representação bitmap de um carácter, é necessário normalizá-la em dimensões unificadas. O termo "reamostragem" é o processo de alteração das dimensões do carácter. Uma vez que as dimensões originais dos caracteres não normalizados são normalmente superiores às dimensões normalizadas, os caracteres são, na maioria dos casos, reduzidos. Quando reduzimos a amostragem, estamos a reduzir a informação contida na imagem processada.

Existem vários métodos de reamostragem, como o redimensionamento de píxeis, a interpolação bilinear ou a reamostragem da média ponderada. Não podemos determinar qual é o melhor método em geral, porque o sucesso de um método específico depende de muitos factores. Por exemplo, a utilização da redução da média ponderada em combinação com a deteção das margens dos caracteres não é uma boa solução, porque este tipo de redução não preserva as margens nítidas. Por este motivo, a problemática da reamostragem de caracteres está intimamente associada à problemática da extração de caraterísticas.

Nesta secção, são explicados os métodos de normalização dos caracteres. Os caracteres extraídos da matrícula podem ser normalizados através do cálculo do brilho e do contraste. Também é normalizado através da representação das dimensões e da reamostragem dos caracteres.

3.1.12 Reconhecimento de caracteres

A secção anterior trata de vários métodos de extração de caraterísticas. O objetivo destes métodos é obter um vetor de descritores (o chamado padrão), que descreve de forma abrangente o carácter contido num mapa de bits processado. O objetivo deste capítulo é introduzir técnicas de reconhecimento de padrões, como as redes neuronais, que são capazes de classificar os padrões nas classes adequadas.

O problema geral de classificação é formulado utilizando o mapeamento entre elementos de dois conjuntos. Seja *A* um conjunto de todas as combinações possíveis de descritores e *B* um conjunto de todas as classes. A classificação significa a projeção de um grupo de elementos semelhantes do conjunto *A* numa classe comum representada por um elemento do conjunto *B*. Assim, um elemento do conjunto *B* corresponde a uma classe. Normalmente, o grupo de instâncias distinguíveis do mesmo carácter corresponde a uma classe, mas por vezes uma classe representa dois caracteres mutuamente indistinguíveis, como o "0" e o "O".

O algoritmo de segmentação pode, por vezes, detetar elementos redundantes, que não correspondem a caracteres propriamente ditos. A forma destes elementos após a normalização é frequentemente semelhante à forma dos caracteres. Por este motivo, estes elementos não são separáveis de forma fiável pelos métodos tradicionais de OCR, embora variem em tamanho, contraste, brilho ou tonalidade. Uma vez que os métodos de extração de caraterísticas descritos no capítulo 4 não têm em conta estas propriedades, é necessário utilizar análises heurísticas adicionais para filtrar os elementos que não são caracteres. A análise espera que todos os elementos tenham propriedades semelhantes. Os elementos com propriedades consideravelmente diferentes são tratados como inválidos e excluídos do processo de reconhecimento.

A análise consiste em duas fases. A primeira fase trata das estatísticas de brilho e contraste dos caracteres segmentados. Os caracteres são depois normalizados e processados pelo algoritmo de extração de fragmentos.

Uma vez que a extração de fragmentos e a normalização do brilho perturbam as propriedades estatísticas dos caracteres segmentados, é necessário proceder à primeira fase de análise antes da aplicação do algoritmo de extração de fragmentos.

Além disso, as alturas dos segmentos detectados são as mesmas para todos os caracteres. Por este motivo, é necessário preceder a análise das dimensões após a aplicação do algoritmo de extração de fragmentos. O algoritmo de extração de pedaços retira o preenchimento branco que rodeia o carácter.

Respeitando as restrições acima, a sequência de etapas pode ser montada da seguinte forma:

1. Segmentar a placa.
2. Analisar o brilho e o contraste dos segmentos e excluir os defeituosos.
3. Aplicar o algoritmo de extração de peças nos segmentos.
4. Analisar as dimensões dos segmentos e excluir os defeituosos.

Se assumirmos que não existem grandes diferenças no brilho e no contraste dos segmentos, podemos excluir os segmentos que diferem consideravelmente da média. Seja i[th] segmento da placa definido por uma função discreta $f_i(x\ y)$, onde w_i e h_i são dimensões do elemento. Definimos as seguintes propriedades estatísticas de um elemento:

A luminosidade global desse segmento é definida como uma média da luminosidade dos pixéis individuais:

$$p_b^{(i)} = \sum_{x=0}^{wi} \sum_{y=0}^{hi} f(x,y)$$

A função $f(x,\ y)$ representa apenas uma intensidade de imagens em escala de cinzentos, mas a análise heurística adicional das cores pode ser envolvida para melhorar o processo de reconhecimento. Esta análise separa os elementos com carácter e sem carácter com base na cor. Se a imagem capturada for representada por um modelo de cor HSV, podemos calcular diretamente a tonalidade e a saturação globais dos segmentos como uma média da tonalidade e da saturação de pixels individuais:

$$p_h^{(i)} = \sum_{x=0}^{wi} \sum_{y=0}^{hi} h(x,y)$$

$$p_s^{(i)} = \sum_{x=0}^{wi} \sum_{y=0}^{hi} s(x,y)$$

em que *h(x, y)* e *s(x, y)* são a tonalidade e a saturação de um determinado pixel no modelo de cor HSV. Se a imagem captada for representada por um modelo de cor RGB, é necessário transformá-la primeiro no modelo HSV.

Para determinar a validade do elemento, calculamos um valor médio de uma propriedade escolhida em todos os elementos. Por exemplo, a luminosidade média é calculada como

$$\overline{P_b} = \sum_{i=0}^{n-1} P_b^{(i)}$$

em que *n* é o número de elementos. O elemento *i* é considerado válido se o seu brilho global $p_b^{(i)}$ não diferir mais de 16 % do brilho médio $\overline{P_b}$. Os valores-limite das propriedades individuais foram calibrados da seguinte forma:

1. Brightness (BRI)= $\frac{P_b{}^{(i)} - \overline{P_b}}{\overline{P_b}} < 0.16$

2. Contrast (CON)= $\frac{P_c{}^{(i)} - \overline{P_c}}{\overline{P_c}} < 0.1$

3. hue (HUE)= $\frac{P_h{}^{(i)} - \overline{P_h}}{\overline{P_h}} < 0.145$

4. Saturation (SAT)= $\frac{P_s{}^{(i)} - \overline{P_s}}{\overline{P_s}} < 0.24$

5. Height (HEI) = $\frac{h_i - \bar{h}}{\bar{h}} < 0.2$

6. □width/height ratio (WHR)= $0.1 < \frac{w_i}{h_i} < 0.92$

Se o segmento violar pelo menos uma das restrições acima, é considerado inválido e excluído do processo de reconhecimento.

Os caracteres separados são posteriormente reconhecidos com a ajuda do algoritmo de correspondência de padrões neurais. Aqui, cada carácter separado é correspondido separadamente a uma série de modelos. O que tiver a probabilidade máxima é apresentado.

3.1.12.1 Algoritmo KNN

O KNN (K-Nearest Neighbor) é um dos melhores algoritmos de categorização de texto quando o texto é descrito utilizando o modelo de vetor de apoio. A ideia básica deste algoritmo é: para classificar um documento desconhecido, o classificador KNN classifica os vizinhos do documento entre os documentos de treino e utiliza o tipo de k vizinhos mais semelhantes para prever o tipo do novo documento.

Em primeiro lugar, a escala do conjunto de textos é sempre grande e a dimensão do vetor é relativamente elevada, o que torna a complexidade temporal do algoritmo elevada. A outra deficiência do método é o enorme trabalho de computação, porque é necessário calcular a distância entre os textos desconhecidos e todo o conjunto de amostras de texto.

Para as deficiências do KNN, o documento propõe um algoritmo de classificação KNN rápido melhorado, o WPSOKNN, que utiliza a tecnologia de otimização de enxame de partículas para procurar k vizinhos mais próximos aleatoriamente no conjunto de amostras de treino. Para a classificação de texto, é rápido encontrar os k vizinhos mais próximos das amostras de teste e não é necessário calcular a distância com todas as amostras, o que reduz significativamente o custo computacional da categorização de texto KNN.

O algoritmo de classificação do K-vizinho mais próximo (k-vizinho mais próximo, KNN) é uma abordagem madura em termos teóricos e também o algoritmo de aprendizagem automática mais simples. A ideia principal do algoritmo KNN é que, dada uma amostra de teste, podemos utilizar uma determinada medida de vizinhança para calcular os graus de vizinhança das amostras de teste e de treino nos conjuntos de treino e, em seguida, classificá-la com a etiqueta do K vizinho mais próximo.

Segue-se a descrição do algoritmo KNN.

a) Descrever o vetor de texto de treino de acordo com o conjunto de caraterísticas e o peso é sempre calculado segundo o método TF-IDF.

b) É necessário efetuar a segmentação das palavras do novo texto de acordo com as palavras caraterísticas e, em seguida, descrever o vetor do novo texto.

c) Encontrar os K vizinhos mais semelhantes do novo texto entre os documentos de treino. Para medir a semelhança de forma eficiente, utilizamos a distância cosseno da seguinte forma:

$$sim(d_i, d_j) = \frac{\sum_{k=1}^{M} w_{ik} * w_{jk}}{\sqrt{\left(\sum_{k=1}^{M} w_{ik} 2\right)\left(\sum_{k=1}^{M} w_{jk} 2\right)}} \qquad (3)$$

Onde, di representa o vetor de caraterísticas do texto de teste, dj representa o vetor central do tipo j, M representa a dimensão dos vectores de caraterísticas, Wk representa a dimensão k do vetor de caraterísticas do texto. Até à data, não existe uma boa forma de determinar o valor k. Em geral, tem um valor inicial, que será depois ajustado de acordo com os resultados da experiência.

d) Nos K vizinhos mais próximos do novo texto, calcular o peso de cada categoria, calculado da seguinte forma:

$$p\left(\bar{x},c_j\right)=\sum sim\left(\bar{x},d_j\right)y\left(\bar{d}_i,c_j\right) \quad (4)$$

Onde, $\bar{x}$ representa o vetor de caraterísticas do novo texto, $sim\left(\bar{x},d_j\right)$ representa a fórmula de semelhança acima referida, $y\left(\bar{d}_i,c_j\right)$ representa a função de tipo

e) Para comparar o peso de cada categoria, desloque o novo texto para a categoria com o peso máximo.

Nesta secção, é explicado o algoritmo de reconhecimento de caracteres. Para reconhecer o carácter, é utilizado o algoritmo KNN (k-nearest neighbor).

3.1.13 Saída do ecrã

O resultado do algoritmo de correspondência de padrões é apresentado em formato digital. Este é armazenado numa base de dados para processamento posterior ou pode ser utilizado como entrada para qualquer outro programa.

3.2 Implementação da incorporação de caracteres na imagem

3.2.1 Introdução

Esta secção apresenta a descrição da esteganálise para imagens comprimidas - JPEG e GIF. Em particular, para imagens JPEG, analisamos o ataque às imagens utilizando os algoritmos OutGuess.

A maioria dos métodos de esteganografia JPEG substitui os bits menos significativos (LSB) dos coeficientes de frequência (DCT), saltando 0s e 1s após a quantização (por exemplo, J-Steg, JP Hide & Seek, OutGuess). Outros métodos diminuem os valores absolutos dos coeficientes quando os LSBs não coincidem, exceto os coeficientes com valor zero (por exemplo, F3, F4,

F5). De seguida, explicamos os métodos de esteganálise para os algoritmos OutGuess.

3.2.2 Noções básicas de incorporação

Nos sistemas de ocultação de informação, há três aspectos diferentes que se confrontam entre si: capacidade, segurança e robustez. 4 A capacidade refere-se à quantidade de informação que pode ser escondida no meio de cobertura, a segurança à incapacidade de um espião detetar a informação escondida e a robustez à quantidade de modificações que o meio stego pode suportar antes de um adversário poder destruir a informação escondida.

A ocultação de informação está geralmente relacionada com a marca de água e a esteganografia. O principal objetivo de um sistema de marca de água é atingir um elevado nível de robustez, ou seja, deve ser impossível remover uma marca de água sem degradar a qualidade do objeto de dados. A esteganografia, por outro lado, tem como objetivo uma elevada segurança e capacidade, o que muitas vezes implica que a informação oculta seja frágil. Mesmo modificações triviais no meio de stego podem destruí-la.

A segurança de um sistema esteganográfico clássico depende do carácter secreto do sistema de codificação. Um exemplo deste tipo de sistema é um general romano que rapou a cabeça de um escravo e tatuou uma mensagem na mesma. Depois de o cabelo voltar a crescer, o escravo era enviado para entregar a mensagem, agora escondida. Embora um sistema deste tipo possa funcionar durante algum tempo, uma vez conhecido, é suficientemente simples rapar a cabeça de todas as pessoas que passam para verificar se há mensagens ocultas - em última análise, um sistema esteganográfico deste tipo falha.

A esteganografia moderna tenta ser detetável apenas se a informação secreta for conhecida - nomeadamente, uma chave secreta. Isso é semelhante ao Princípio de Kerckhoffs na criptografia, que sustenta que a segurança de um sistema criptográfico deve depender apenas do material da chave. Para que a esteganografia não seja detectada, o meio de cobertura não modificado deve ser mantido em segredo, porque se for exposto, uma comparação entre o meio de cobertura e o meio de stego revela imediatamente as alterações. A teoria da informação permite-nos ser ainda mais específicos sobre o que significa um sistema ser perfeitamente seguro. Christian Cachin propôs um modelo de teoria da informação para a esteganografia que considera a segurança dos sistemas esteganográficos contra espiões passivos. Neste modelo, parte-se do princípio de que o adversário tem um conhecimento completo do sistema de codificação, mas não conhece a chave secreta. A sua tarefa consiste em conceber um modelo para a distribuição de probabilidades *PC* de todos os meios de cobertura possíveis e *PS* de todos os meios de stego possíveis. O adversário pode então utilizar *a teoria da deteção* para decidir entre a hipótese *C* (que uma mensagem não contém informação oculta) e a hipótese *S* (que uma mensagem contém conteúdo oculto). Um sistema é perfeitamente seguro se não existir nenhuma regra de decisão que possa ter um desempenho melhor do que a adivinhação aleatória.

Essencialmente, os emissores e receptores de comunicações esteganográficas acordam um sistema esteganográfico e uma chave secreta partilhada que determina a forma como uma mensagem é codificada no meio de cobertura. Para enviar uma mensagem oculta, por exemplo, Alice cria uma nova imagem com uma câmara digital. Alice fornece ao sistema esteganográfico o seu segredo partilhado e a sua mensagem. O sistema esteganográfico utiliza o segredo partilhado para determinar a forma como a mensagem oculta deve ser codificada nos bits redundantes. O resultado é uma imagem estetizada que Alice envia a Bob. Quando Bob recebe a imagem, utiliza o segredo partilhado e o sistema esteganográfico acordado para recuperar a mensagem oculta.

3.2.3 OutGuess

O algoritmo OutGuess substitui os LSBs dos coeficientes DCT quantizados. Isto é utilizado como caraterística distintiva, medindo o grau de aleatoriedade no ficheiro stego.

A deteção consiste nas seguintes etapas:

1. Descomprimir a imagem estégica, calcular o seu grau de bloqueio B e denotar Bs(0).

2. Usando o OutGuess, incorpore a mensagem de comprimento máximo na imagem stego (2aP bits), descomprima, calcule o bloqueio B e denote Bs(1). Calcule o declive S = Bs(1) - Bs(0).

3. Recorte a imagem stego descomprimida em quatro colunas. Esta imagem será a imagem de base que utilizaremos para calibrar a inclinação. Comprimir a imagem de base utilizando a mesma matriz de quantização JPEG que a da imagem stego. Descomprimir para o domínio espacial e calcular o seu bloqueio B(0).

4. Utilizando o OutGuess, incorpore a mensagem de comprimento máximo na imagem recortada e calcule o bloqueio B(1).

5. Utilize a imagem incorporada do passo 4 e, utilizando novamente Out-Guess, incorpore nela a mensagem de comprimento máximo, denotando o seu grau de bloqueio B1(1).

6. Calcular o comprimento da mensagem secreta utilizando a Eq. declive S = Bs(1) - Bs(0)

Utilizando a interpolação linear, o comprimento da mensagem desconhecida p é S = S0 - p (S0 - S1)

$$p = \frac{S_0 - S}{S_0 - S_1}$$

3.2.4 Pseudo-aleatório

O OutGuess 0.1 (criado por Niels Provos) é um sistema esteganográfico que melhora o passo de codificação utilizando um gerador de números pseudo-aleatórios para selecionar coeficientes DCT aleatoriamente. O bit menos significativo de um coeficiente DCT selecionado é substituído por dados de mensagem encriptados. À medida que é executado, o algoritmo substitui o bit menos significativo dos coeficientes da transformada discreta do cosseno (DCT) selecionados pseudo-aleatoriamente pelos dados da mensagem.

O teste x2 para o JSteg não detecta dados que são distribuídos aleatoriamente pelos dados redundantes e, por essa razão, não consegue encontrar conteúdo esteganográfico escondido pelo OutGuess 0.1. No entanto, é possível alargar o teste x2 para ser mais sensível a distorções locais numa imagem. Duas distribuições idênticas produzem aproximadamente os mesmos valores de x2 em qualquer parte da distribuição. Em vez de aumentar o tamanho da amostra e aplicar o teste numa posição constante, utilizamos um tamanho de amostra constante mas fazemos deslizar a posição em que as amostras são recolhidas ao longo de todo o intervalo da imagem.

Input: message, shared secret, cover image
Output: stego image
initialize PRNG with shared secret
while data left to embed **do**
get pseudo-random DCT coefficient from cover image
ifDCT ≠ 0 and DCT ≠1 **then**
get next LSB from message
replace DCT LSB with message LSB
end if
insert DCT into stego image
end while

Figura 3.7: Um algoritmo OutGuess 0.1.

Capítulo - 4 Fluxograma e análise do sistema

4.1 Módulo 1- Fluxo do sistema de reconhecimento de matrículas

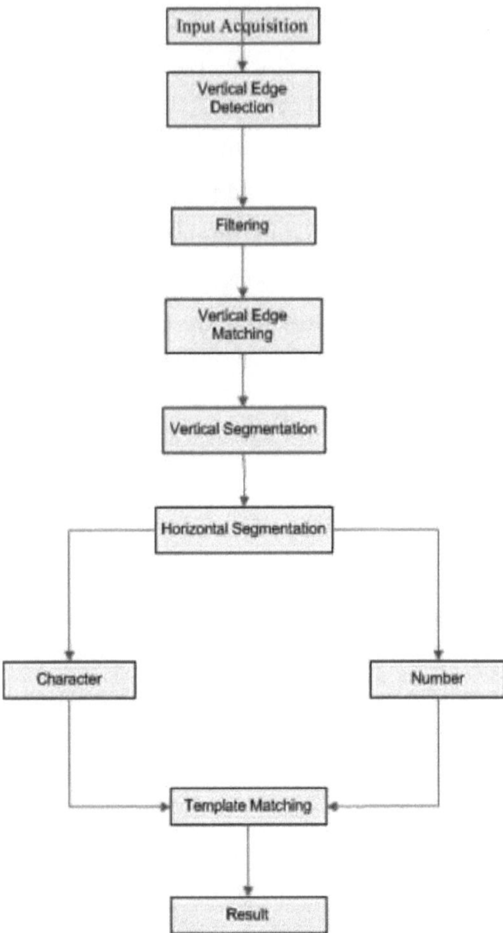

Figura 4.1: Fluxograma do algoritmo

1. Aquisição de imagens

A aquisição de imagens é o primeiro passo num sistema de reconhecimento de matrículas e existem várias formas de adquirir imagens. Uma imagem pode ser adquirida através de uma câmara digital. A abordagem mais fiável e prática é a aquisição de imagens através de uma câmara digital. O desempenho do sistema pode ser melhorado utilizando uma câmara de vídeo com um dispositivo de captura de imagens. As imagens são captadas em várias condições de iluminação com uma câmara digital de alta resolução, com o conhecimento prévio do tamanho, do ângulo e da distância.

Num módulo de aquisição de imagens, existem basicamente as seguintes três formas de adquirir uma imagem

1. Utilizar uma câmara convencional e um scanner
2. Utilizar uma câmara digital
3. Utilizar uma câmara de vídeo

2. Extração de matrículas

A extração de matrículas é a fase mais importante de um sistema de reconhecimento de matrículas. O algoritmo da transformada de Hough é utilizado para a extração da matrícula. O algoritmo é composto por cinco métodos. O primeiro passo consiste em limar a imagem de origem à escala de cinzentos, o que dá origem a uma imagem binária. Na segunda fase, a imagem resultante é passada por duas sequências paralelas, a fim de extrair segmentos de linha horizontais e verticais, respetivamente. O resultado é uma imagem com os bordos realçados. Na terceira etapa, a imagem resultante é então utilizada como entrada para a transformada de Hough, que produz uma lista de linhas sob a forma de células acumuladoras.

Na quarta etapa, as células acima referidas são analisadas e os segmentos de reta são calculados. Finalmente, a lista de segmentos de linha horizontais e verticais é combinada e todas as regiões rectangulares que correspondam às dimensões de uma matrícula são mantidas como regiões candidatas.

3. Segmentação

Esta secção descreve uma abordagem ao reconhecimento de caracteres concebida para reconhecer matrículas. O algoritmo pega numa imagem a cores da matrícula e utiliza uma técnica de pré-processamento para melhorar a qualidade da imagem. Aqui, todos os valores de pixéis com intensidade de cor superior a 128 são convertidos em caracteres lógicos que representam caracteres e tudo

abaixo de 128 seria o 0 lógico que representa o fundo. A operação morfológica é utilizada para preencher as lacunas, os pequenos orifícios e as quebras estreitas na matrícula. No passo seguinte, é feita a segmentação, em que cada carácter ou objeto é processado individualmente. Inclui também o conceito de extração de assinaturas em posições estratégicas aplicadas aos caracteres.

4. Reconhecimento

Esta secção apresenta os métodos que foram utilizados para classificar e depois reconhecer os caracteres individuais. A classificação baseia-se nas caraterísticas extraídas. Estas caraterísticas são depois classificadas utilizando abordagens estatísticas, sintácticas ou neurais.

4.2 Módulo 2- Fluxo do sistema de transferência dos dados reconhecidos

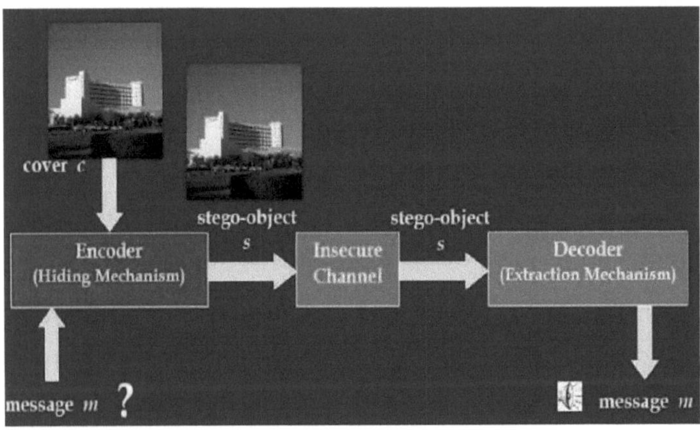

Figura 4.2: Procedimento geral de transferência de informações secretas

4.2.1 Operações

1. Em primeiro lugar, são recolhidos os dados dos caracteres reconhecidos (número do veículo), ou seja, também designados por dados confidenciais do utilizador.

2. Selecionar uma imagem de suporte.

3. Encriptar os dados especificando uma chave.

4. Verificar se os dados fornecidos estão corretamente incorporados ou não

na imagem sem alterar o tamanho real da imagem.

5. Incorporar os dados na imagem portadora.

6. No lado do destino, desencripta-a e separa os dados da imagem.

A esteganografia, por outro lado, consiste em ocultar uma mensagem de tal forma que o observador casual não seja capaz de detetar a informação oculta. A esteganografia é uma boa escolha em situações em que é prioritário disfarçar a ocorrência da comunicação. Dados aparentemente sem sentido podem conter pormenores complexos, mapas ou texto. A esteganografia é frequentemente combinada com a criptografia para proporcionar uma camada adicional de segurança.

4.3 Estudo de viabilidade

O estudo de viabilidade envolvido na conceção do projeto requer um estudo do ambiente, bem como do risco envolvido no desenvolvimento do sistema. É necessário efetuar uma estimativa adequada para garantir a entrega atempada dos componentes, bem como o desenvolvimento de uma solução rentável.

4.3.1 Viabilidade técnica:

A. Software utilizado: Java Net beans IDE 6.9.1 é utilizado como front end.

Seguem-se as caraterísticas de java utilizadas para o processamento de imagens.

1) Rico conjunto de funcionalidades para a criação de imagens digitais.

2) Elevado nível de extensibilidade para permitir capacidades de processamento arbitrárias.

3) Suporte para uma grande variedade de tipos de dados.

4) Permitir várias implementações com diferentes compromissos de utilização de memória, otimização do operador e aceleração de hardware

B. Base de dados: A base de dados necessária é constituída pelas imagens das chapas de matrícula, que podem ser recolhidas da câmara. A base de dados pode ser testada utilizando os critérios de classificação normalizados utilizados para classificar os caracteres.

4.3.2 Viabilidade de custos

Durante a análise, é necessário concentrar-se no custo de desenvolvimento, ponderado em relação ao benefício derivado do sistema. Para alcançar a viabilidade económica, temos de considerar os seguintes pontos.

O sistema de reconhecimento de matrículas é composto pelas seguintes unidades

1) Câmara: Capta imagens de um veículo a partir da frente ou da retaguarda.

2) Iluminação: Uma luz controlada pode iluminar a chapa e permitir um funcionamento diurno e noturno. Na maioria dos casos, a iluminação é infravermelha (IR), invisível para o condutor.

3) Frame Grabber: Uma placa de interface entre a câmara e o PC que permite ao software ler a informação da imagem.

4) Computador: Normalmente um PC com Windows ou Linux. Executa a aplicação de reconhecimento de matrículas que controla o sistema, lê as imagens, analisa e identifica a matrícula e faz a interface com outras aplicações e sistemas.

5) Software: O pacote de aplicação e reconhecimento.

6) Hardware: Várias placas de entrada/saída utilizadas para estabelecer a interface com o mundo exterior.

7) Base de dados: Os eventos são registados numa base de dados local ou transmitidos através da rede. Os dados incluem os resultados do reconhecimento e, opcionalmente, o veículo.

4.4 Metodologia de análise de sistemas

A metodologia utilizada para a análise do sistema é a análise orientada para os objectos. O processo de OOA começa com a compreensão da forma como o sistema é utilizado pelas pessoas. Uma vez definido o cenário de utilização, inicia-se a modelação do software.

4.4.1 Diagrama de casos de uso

Os casos de utilização modelam o sistema do ponto de vista do utilizador final. O diagrama de casos de utilização do nosso sistema é o seguinte. O caso de utilização atinge os seguintes objectivos:

> Definir os requisitos funcionais e operacionais do sistema através da definição de um cenário de utilização acordado entre o utilizador final e a equipa de engenharia de software.

> Fornecer uma visão clara da funcionalidade do sistema.

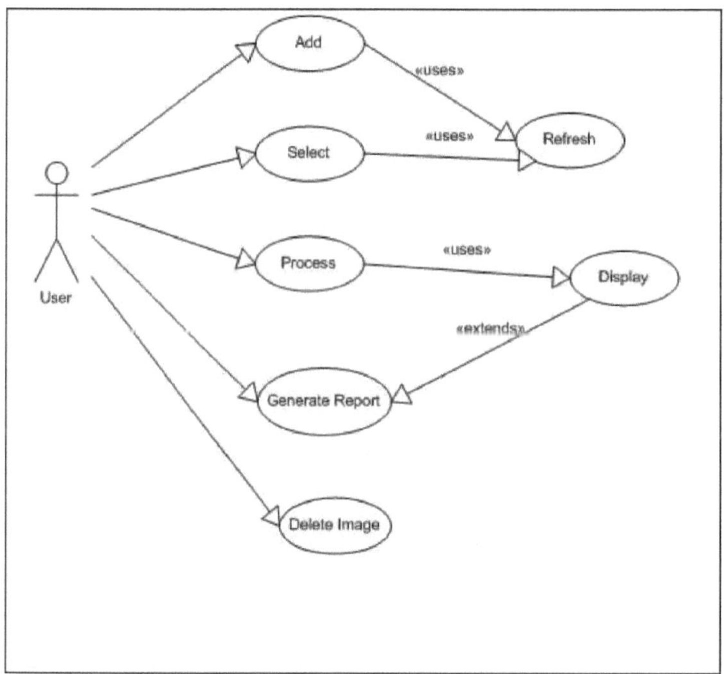

Figura 4.3: Diagrama de casos de utilização para o sistema de reconhecimento de matrículas

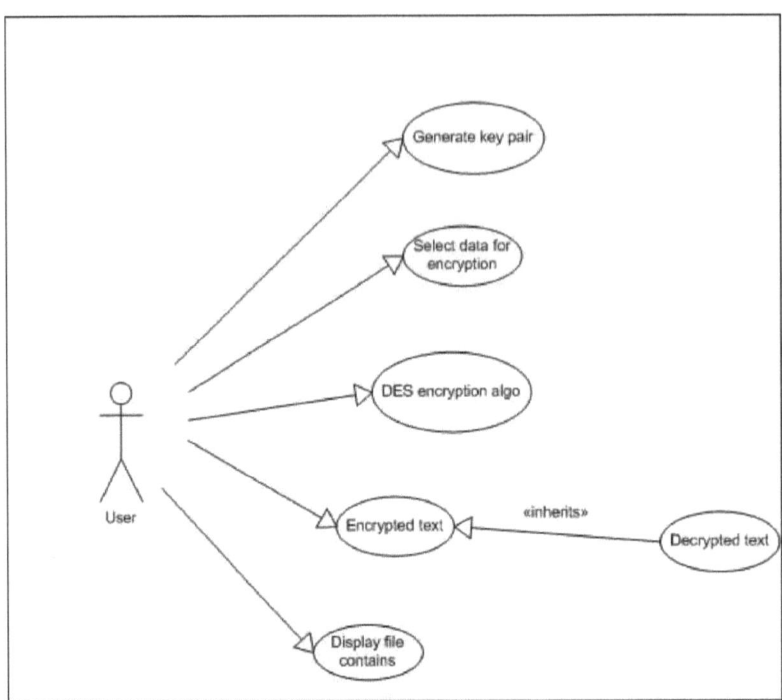

Figura 4.4: Diagrama de casos de utilização para encriptação e desencriptação de dados

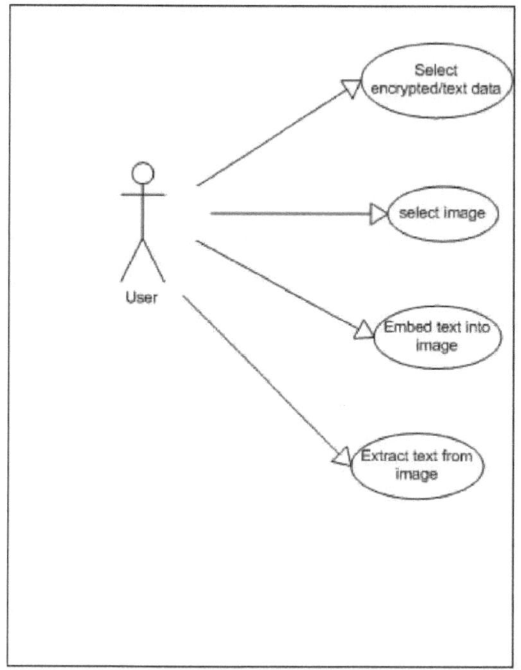

Figura 4.5: Diagrama de casos de utilização para a incorporação e a desincorporação

4.4.2 Diagrama de sequência:

Um diagrama de sequência mostra, sob a forma de linhas verticais paralelas (linhas de vida), diferentes processos ou objectos que vivem em simultâneo e, sob a forma de setas horizontais, as mensagens trocadas entre eles, pela ordem em que ocorrem. Isto permite a especificação de cenários simples de tempo de execução de uma forma gráfica.

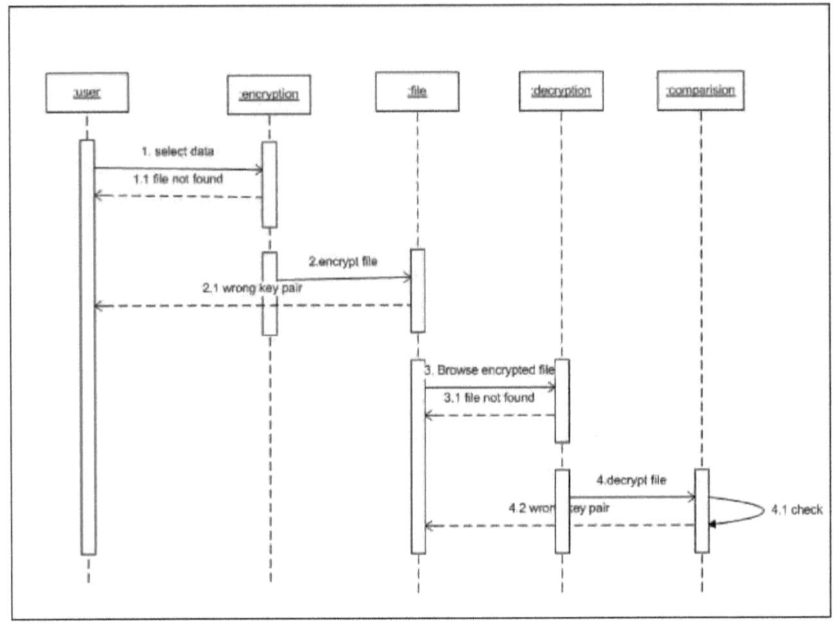

Fig. 4.6: Diagrama de sequência para encriptação e desencriptação

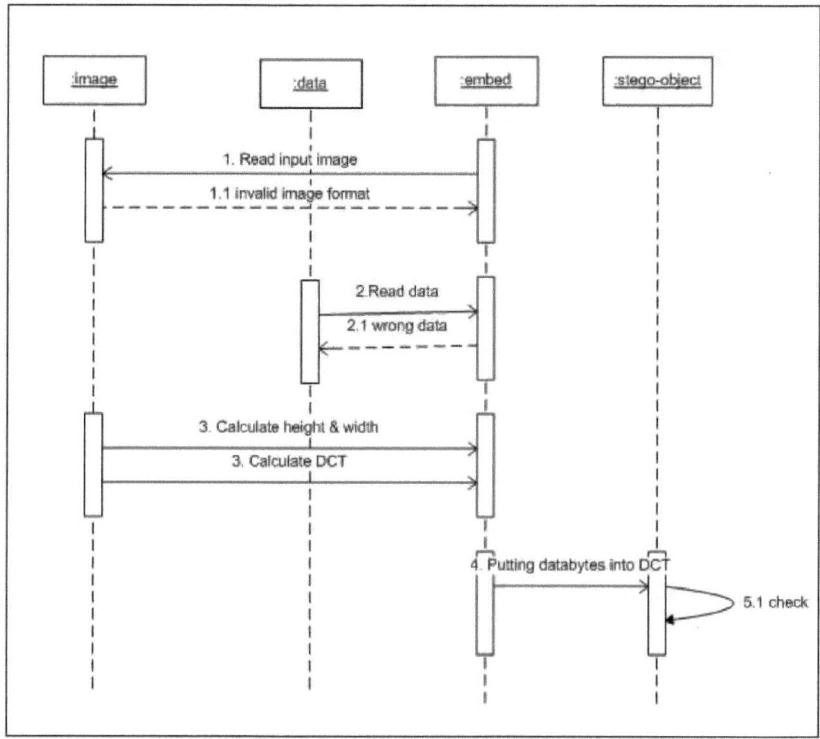

Figura 4.7: Diagrama de sequência para a incorporação e a remoção da incorporação

4.4.3 Diagrama de actividades

Um diagrama de actividades é essencialmente um fluxograma, que mostra o fluxo de controlo de atividade para atividade. É utilizado para modelar os aspectos dinâmicos do sistema. Uma atividade é uma execução em curso no sistema. Em última análise, as actividades resultam em acções, que são constituídas por cálculos atómicos executáveis que resultam numa alteração do estado do sistema ou no retorno de um valor.

O diagrama de actividades seguinte mostra o fluxo do sistema.

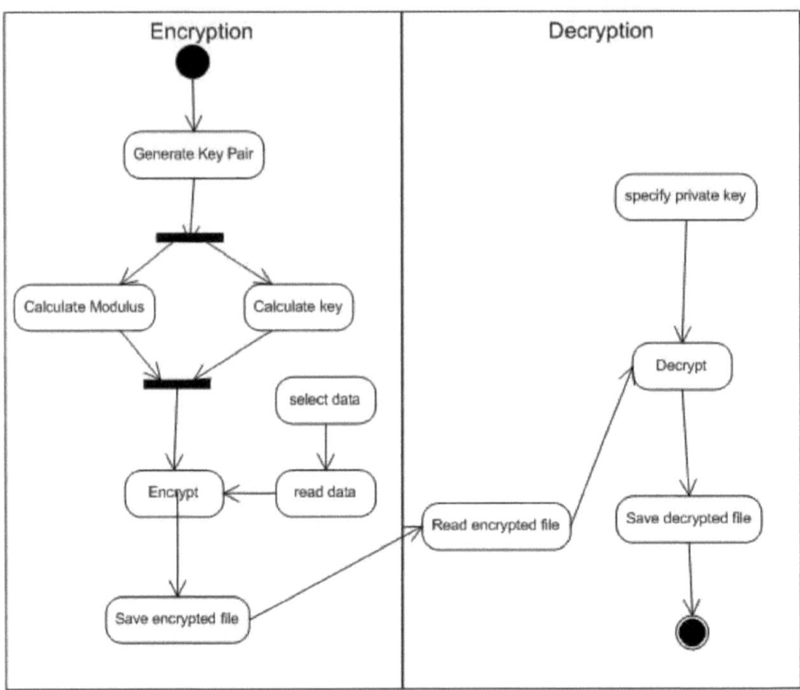

Figura 4.8: Diagrama de actividades para encriptação e desencriptação de dados

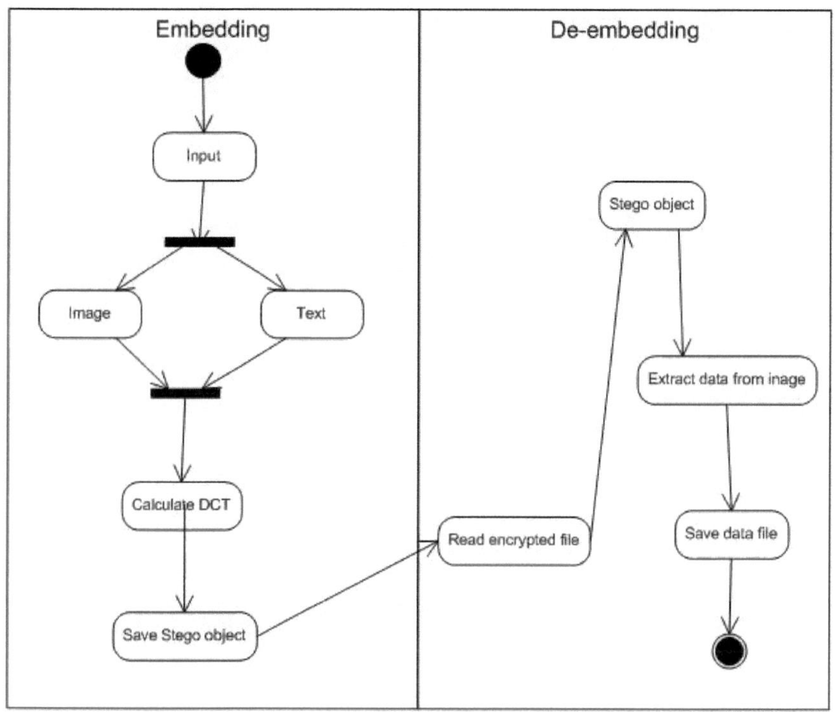

Figura 4.9: Diagrama de actividades para a incorporação e a desincorporação

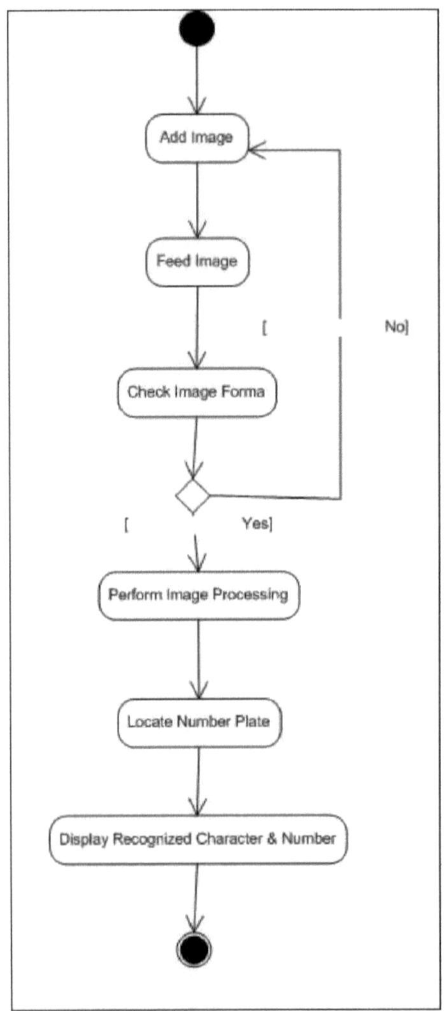

Figura 4.10: Diagrama de actividades do sistema de reconhecimento automático de matrículas

4.5 O problema da implementação e aplicações

Seguem-se os constrangimentos que enfrentamos na implementação do sistema e os pressupostos que utilizámos na implementação.

4.5.1 Restrições

Há uma série de possíveis dificuldades que o software deve enfrentar. Estas incluem:

1) Fraca resolução da imagem, geralmente porque a placa está demasiado afastada, mas por vezes resultante da utilização de uma câmara de baixa qualidade.

2) Imagens desfocadas, em especial as desfocadas por movimento.

3) Má iluminação e baixo contraste devido a sobre-exposição, reflexo ou sombras.

4) Um objeto que obscurece (parte da) chapa, frequentemente uma barra de reboque ou sujidade na chapa.

5) Um diferente, popular para as chapas de matrícula.

6) Técnicas de evasão.

7) Uma imagem que está a ser alimentada ao sistema tem de ser de alta qualidade e não deve haver ruído.

8) Podemos enviar dados até ao limite, não muito mais do que o limite.

9) O tamanho da imagem deve ser limitado.

4.5.2 Pressupostos

Quando é necessária uma imagem a cores para utilizar os dados obtidos através do reconhecimento de matrículas, é necessário ter uma câmara de infravermelhos e uma câmara a cores normal a funcionar em conjunto. Os factores que colocam dificuldades às câmaras de imagens de matrículas incluem a velocidade dos veículos que estão a ser registados, a variação das condições de iluminação ambiente e o encandeamento dos faróis.

4.5.3 Aplicações

Controlo de acesso

O controlo do acesso é, em geral, um mecanismo para limitar o acesso a zonas e recursos com base na identidade dos utilizadores e na sua pertença a vários grupos predefinidos. O acesso a zonas limitadas, no entanto, também pode ser gerido com base nos veículos que acedem, isoladamente ou em conjunto com a identidade pessoal. O reconhecimento de matrículas automatiza a gestão do controlo do acesso de veículos, proporcionando maior segurança, gestão de parques de estacionamento para logística, assistência de guias de segurança, registo de eventos, gestão de eventos, manutenção de um diário de acesso, possibilidades de análise e extração de dados.

Portagens em auto-estradas

Por portagem rodoviária entende-se que os condutores pagam diretamente pela utilização de um determinado segmento das infra-estruturas rodoviárias. As portagens são uma forma comum de financiar o melhoramento de estradas, auto-estradas, estradas e pontes: as portagens são taxas por serviços. Uma portagem rodoviária eficiente aumenta o nível dos serviços rodoviários conexos, reduzindo o tempo de viagem e o congestionamento e melhorando a qualidade das estradas. Além disso, uma portagem rodoviária eficiente reduz a fraude relacionada com o não pagamento, torna a cobrança eficaz e reduz a mão de obra necessária para processar os casos de exceção. O reconhecimento de matrículas é sobretudo utilizado como um instrumento de controlo muito eficaz, embora também existam sistemas de portagens rodoviárias baseados exclusivamente no reconhecimento de matrículas.

Controlo das fronteiras

O controlo das fronteiras é um esforço coordenado pelo Estado para assegurar o controlo operacional das fronteiras do país, com a missão prioritária de apoiar a segurança interna contra o terrorismo, o tráfego transfronteiriço ilegal, o contrabando e as actividades criminosas. Um controlo eficaz das fronteiras diminui significativamente a taxa de criminalidade violenta e aumenta a segurança da sociedade. O reconhecimento automático de matrículas acrescenta um valor significativo através do registo de eventos, da criação de bases de dados investigáveis de passagens fronteiriças e do alarme de passagens suspeitas.

Medição do tempo de viagem

A medição do tempo de viagem é um método muito eficiente e amplamente utilizável para compreender o tráfego, detetar situações e eventos conspícuos, etc. Um sistema baseado na visão por computador tem as suas desvantagens bem conhecidas na medição do tempo de viagem, enquanto o reconhecimento automático de matrículas tem demonstrado a sua viabilidade: os tempos de viagem dos veículos podem ser medidos de forma fiável por sistemas baseados no reconhecimento automático de matrículas. Os dados recolhidos pelos sistemas de reconhecimento de matrículas podem ser utilizados de muitas formas após o processamento: fornecendo informações aos utentes da estrada para aumentar a segurança do tráfego, ajudando a aplicação eficiente da lei, optimizando as rotas de tráfego, reduzindo custos e tempo, etc.

Aplicação da lei

O reconhecimento automático de matrículas é uma tecnologia ideal para ser utilizada para efeitos de aplicação da lei. É capaz de identificar automaticamente carros roubados com base numa lista negra actualizada. Outras aplicações policiais muito comuns são o controlo dos sinais vermelhos, a aplicação de multas por excesso de velocidade e o controlo das faixas de rodagem dos autocarros.

4.6 Procedimentos de ensaio

O teste de software é o processo de validação e verificação de que um programa/aplicação de software:

1) Satisfaz os requisitos comerciais e técnicos mencionados na sua conceção e especificação.

2) O software funciona como esperado para os dados introduzidos.

3) A facilidade de manutenção do software.

Em qualquer altura do processo de desenvolvimento, podemos implementar testes de software. A maioria dos esforços de teste ocorre após a definição dos requisitos e a conclusão do processo de codificação. A metodologia do teste depende da metodologia de desenvolvimento do software.

No processo de desenvolvimento, diferentes modelos de desenvolvimento de software concentrarão o esforço de teste em diferentes pontos. Existem muitos modelos de desenvolvimento mais recentes que utilizam frequentemente o desenvolvimento orientado para o teste e uma parte maior do teste é colocada nas mãos do programador, antes de chegar a uma equipa de testadores. No modelo tradicional, a maior parte da execução do teste começa depois de os requisitos terem sido definidos e também depois de o processo de codificação ter sido concluído.

Âmbito de aplicação

Os testes de software detectam falhas de software para que os defeitos possam ser descobertos e corrigidos. Os testes não podem concluir que um produto funciona corretamente em todas as condições. Mas pode apenas estabelecer que não funciona corretamente em condições específicas. O âmbito dos testes de software é o exame do código. E a execução desse código em vários ambientes e condições. Também se examinam os aspectos do código que fazem com que este faça o que é suposto fazer e faça o que precisa de fazer. Na atual cultura de desenvolvimento de software, uma equipa de testes está separada da equipa de desenvolvimento. Os membros da equipa de testes têm várias funções diferentes. As informações resultantes dos testes de software podem ser utilizadas para corrigir o processo de desenvolvimento de software.

Testes funcionais vs. testes não funcionais

Os testes funcionais incluem actividades que verificam uma ação ou função específica do código. Estas actividades encontram-se na documentação dos requisitos do código. Os casos de utilização são utilizados em algumas metodologias de desenvolvimento. Os testes funcionais respondem à questão "o utilizador pode fazer isto" ou "esta caraterística específica funciona".

Os ensaios não funcionais incluem aspectos do software que podem não estar relacionados com uma função específica ou com uma ação do utilizador. Esses aspectos incluem a escalabilidade ou outro desempenho, o comportamento sob certas restrições. Os requisitos não funcionais são os que reflectem a qualidade do produto, nomeadamente no contexto da perspetiva de adequação dos seus utilizadores.

Defeitos e falhas

Os erros de codificação não causam todos os defeitos de software. As lacunas de requisitos, como requisitos não reconhecidos que resultam em erros de omissão por parte do projetista do programa, causam um defeito dispendioso. Os requisitos não funcionais, como a capacidade de teste, a escalabilidade, a capacidade de manutenção, a capacidade de utilização, o desempenho e a segurança, são uma fonte comum de lacunas de requisitos.

Nos seguintes processos ocorrem falhas de software. Um programador comete um erro, a que se chama erro, que dá origem a um defeito chamado falha ou bug no código fonte do software. Se este defeito for executado, o sistema produzirá resultados errados, causando uma falha. Nem todos os defeitos produzem falhas. Os defeitos em código morto nunca resultam em falhas. Um defeito pode transformar-se numa falha quando o ambiente de programação é alterado. Exemplos destas alterações no ambiente incluem a execução do software numa nova plataforma de hardware ou alterações nos dados de origem ou a interação com software diferente. Um único defeito pode dar origem a uma vasta gama de sintomas de falha.

Os testes permitem fazer uma série de coisas, mas o mais importante é medir a qualidade do software que está a ser desenvolvido. Este ponto de vista pressupõe que existem defeitos no seu software à espera de serem descobertos e este ponto de vista raramente é desaprovado ou mesmo perturbado. Há vários factores que contribuem para a importância de fazer dos testes uma prioridade elevada de qualquer esforço de desenvolvimento de software. Estes incluem:

1. Reduzir o custo de desenvolvimento do programa.

2. Certifique-se de que a sua aplicação se comporta exatamente como explicou no

especificação e explicada ao utilizador.

3. Reduzir o custo total de propriedade.

4. Desenvolver a fidelização dos clientes.

4.6.1 Conceção de casos de teste

Um **caso de teste** é um conjunto de condições ou variáveis que um testador utilizará para determinar se uma aplicação ou sistema de software está a funcionar corretamente ou não. **O oráculo de teste é** o mecanismo que permite determinar se um programa ou sistema de software passou ou falhou num teste desse tipo. Nalguns contextos, um oráculo pode ser um requisito ou um caso. Noutros, pode ser uma heurística. Podem ser necessários muitos casos de teste para determinar se um programa ou sistema de software é considerado suficientemente eficiente e correto para ser lançado. Os casos de teste são também designados **por guiões de teste**. Os casos de teste escritos são normalmente reunidos em conjuntos de testes.

Casos de teste formais

Para testar se todos os requisitos de uma aplicação são cumpridos, deve haver pelo menos dois casos de teste para cada requisito: um teste positivo e um teste negativo. Se houver sub-requisitos, cada sub-requisito deve ter pelo menos dois casos de teste. Uma matriz de rastreabilidade mantém o registo da ligação entre o requisito e o teste. Os casos de teste escritos incluem uma descrição da funcionalidade a ser testada.

Um caso de teste escrito formalmente tem uma entrada conhecida e um resultado esperado, que é obtido antes de o teste ser executado. A entrada conhecida testa uma condição prévia e o resultado esperado testa uma condição posterior.

Casos de teste informais

As aplicações ou sistemas que não têm requisitos formais, os casos de teste para eles podem ser escritos com base no funcionamento normal aceite de programas de uma classe semelhante. Em alguns tipos de testes, os casos de teste não são escritos, mas as actividades e os resultados são relatados após a execução dos testes.

Formato típico de um caso de teste escrito

Um caso de teste é um passo único, ou uma sequência de passos, para testar o comportamento correto ou as funcionalidades, caraterísticas de uma aplicação. Normalmente, o caso de teste apresenta um resultado esperado ou um resultado previsto.

Informações adicionais que podem ser incluídas:

- ID do caso de teste
- descrição do teste
- passo de ensaio ou número de ordem de execução
- requisito(s) relacionado(s)
- profundidade
- categoria de teste
- autor
- As caixas de verificação indicam se o teste é automatizável e se já foi automatizado.

Campos adicionais que podem ser incluídos e preenchidos aquando da execução dos testes:

- aprovação/reprovação
- observações

Os casos de teste maiores contêm passos e descrições de pré-requisitos.

Estes passos podem ser escritos e armazenados num documento Word, numa folha de cálculo Excel, numa base de dados ou noutro repositório comum.

Num sistema de base de dados, também podemos ver os resultados de testes anteriores e a configuração do sistema utilizada para gerar esses resultados.

Estes resultados anteriores seriam normalmente armazenados numa tabela separada.

Os conjuntos de testes também contêm frequentemente

- Resumo do teste
- Configuração

A parte mais demorada do caso de teste é criar os testes e modificá-los quando o sistema muda. O tempo para uma descrição da funcionalidade a ser testada e a preparação necessária para garantir que o teste possa ser realizado é menor em comparação com a criação do teste real.

Poderá ser necessário, em determinadas circunstâncias especiais, efetuar o teste e produzir resultados. Em seguida, uma equipa de peritos avaliará se os resultados podem ser considerados como aprovados. Isto acontece frequentemente na determinação do número de desempenho de novos produtos. O primeiro teste é considerado como a linha de base para os ciclos subsequentes de teste/lançamento do produto.

Um **plano de teste** é um documento que descreve uma abordagem sistemática para testar um sistema, como uma máquina ou um software. O plano contém normalmente uma compreensão pormenorizada da estratégia que será utilizada para verificar e assegurar que um produto ou sistema cumpre as suas especificações de conceção e outros requisitos. Um plano de ensaio é normalmente preparado por engenheiros de ensaio ou com um contributo significativo destes.

Dependendo do produto e da responsabilidade da organização à qual o plano de teste se aplica, um plano de teste pode incluir um ou mais dos seguintes itens:

- Verificação do projeto ou ensaio de conformidade - a ser realizado durante as fases de desenvolvimento ou aprovação do produto, normalmente numa pequena amostra de unidades.
- Ensaio de fabrico ou de produção - a realizar durante a preparação ou

montagem do produto, de forma contínua, para efeitos de verificação do desempenho e de controlo da qualidade.

- Ensaio de aceitação ou de colocação em serviço - a realizar no momento da entrega ou da instalação do produto.

- Ensaio de serviço e reparação - a efetuar conforme necessário durante a vida útil do produto.

- Teste de regressão - a ser realizado num produto operacional existente, para verificar se a funcionalidade existente não foi interrompida quando outros aspectos do ambiente são alterados (por exemplo, atualizar a plataforma em que uma aplicação existente é executada).

Um sistema complexo pode ter um plano de ensaio de alto nível para tratar dos requisitos globais e planos de ensaio de apoio para tratar dos pormenores de conceção dos subsistemas e componentes.

Os métodos de teste no plano de teste indicam como a cobertura do teste será implementada. Os métodos de ensaio podem ser determinados por normas, agências reguladoras ou acordos contratuais, ou podem ter de ser criados de novo. Os métodos de teste também especificam o equipamento de teste a ser utilizado na realização dos testes e estabelecem critérios de aprovação/reprovação. Os métodos de teste utilizados para verificar os requisitos de conceção do hardware podem variar desde passos muito simples, como a inspeção visual, até procedimentos de teste elaborados que são documentados separadamente.

As responsabilidades de teste incluem quais as organizações que irão efetuar os métodos de teste e em cada fase da vida do produto. Isto permite às organizações de teste planear, adquirir ou desenvolver equipamento de teste e outros recursos necessários para implementar os métodos de teste pelos quais são responsáveis. As responsabilidades de teste também incluem os dados que serão recolhidos e a forma como esses dados serão armazenados e comunicados (muitas vezes referidos como "resultados"). Um dos resultados de um plano de teste bem sucedido deve ser um registo ou relatório da verificação de todas as especificações e requisitos do projeto, conforme acordado por todas as partes.

1. Testes unitários:

Em teoria:

Em programação informática, **o teste de unidades** é um método através do qual unidades individuais de código-fonte são testadas para determinar se estão aptas a ser utilizadas. Uma unidade é a parte testável mais pequena de uma aplicação. Na programação processual, uma unidade pode ser uma função ou um procedimento individual. Na programação orientada para objectos, uma unidade é normalmente um método. Os testes de unidade são criados por programadores ou, ocasionalmente, por testadores de caixa branca durante o processo de desenvolvimento.

Idealmente, cada caso de teste é independente dos outros: substitutos como stubs de métodos, objectos simulados, fakes e arneses de teste podem ser utilizados para ajudar a testar um módulo isoladamente. Os testes unitários são normalmente escritos e executados por programadores de software para garantir que o código cumpre o seu projeto e se comporta como pretendido. A sua implementação pode variar desde ser muito manual (lápis e papel) até ser formalizada como parte da automatização da construção.

Em programação informática, um teste unitário é um método para testar a correção de um determinado módulo de código-fonte. A ideia é escrever casos de teste para cada função ou método não trivial do módulo, de modo a que cada caso de teste seja separado do outro.

Os benefícios são:

- Incentiva a mudança
- Simplifica a integração

Limitações

É importante perceber que os testes unitários não detectam todos os erros do programa por definição; apenas testam a funcionalidade da própria unidade. Por conseguinte, não detectará erros de integração, problemas de desempenho e quaisquer outros problemas a nível do sistema. Além disso, pode não ser trivial prever todos os casos especiais de entrada que a unidade de programa em estudo pode receber na realidade. O teste de unidades só é eficaz se for utilizado em conjunto com outras actividades de software.

No sistema

Neste sistema, os testes são iniciados por testes unitários, em que cada módulo e sub-módulos são testados.

2. Testes de integração:

Em teoria:

Os testes de integração são uma extensão lógica dos testes unitários. Na sua forma mais simples, duas unidades que já foram testadas são combinadas num componente e a interface entre elas é testada. Um componente, neste sentido, refere-se a um agregado integrado de mais de uma unidade. Num cenário realista, as unidades principais são combinadas em componentes, que por sua vez são agregados em partes ainda maiores do programa. A ideia é testar a combinação de peças e, eventualmente, expandir o processo para testar os seus módulos com os de outros grupos. Eventualmente, todos os módulos que compõem o processo são testados em conjunto. Para além disso, se o programa for composto por mais do que um processo, estes devem ser testados aos pares e não todos de uma vez. Os testes de integração identificam os problemas que ocorrem quando as unidades são combinadas. Os testes de integração podem ser efectuados de várias formas, mas alguns dos métodos seguintes são a abordagem "Top-Down", a abordagem "Bottom-Up" e a abordagem "Umbrella".

No sistema

Este sistema tem diferentes módulos. Esses módulos foram testados através de testes unitários. Mas, como houve alguns problemas na junção de todos os módulos, foi necessário efetuar testes de integração para testar também esse aspeto. Para o efeito, todos os formulários foram verificados quanto a contradições entre si. Em seguida, o fluxo e as funções também foram verificados.

3. Teste de regressão:

Em teoria:

O re-teste seletivo de um sistema de software que foi modificado para garantir que quaisquer erros foram corrigidos e que nenhuma outra função anteriormente em funcionamento falhou em resultado das reparações e que as novas funcionalidades adicionadas não criaram problemas com as versões anteriores do software. Sempre que modificarmos uma implementação num programa, devemos também efetuar testes de regressão.

No sistema:

Foram feitas alterações no código em cada fase. Por vezes, estas alterações foram feitas para corrigir alguns erros no programa e outras vezes foram feitas porque o guia sugeria que se fizesse o mesmo. Depois de completar os módulos, também foram efectuadas algumas alterações. Devido a isso, todo o procedimento de teste efectuado até então era repetido mais uma vez. Assim, os testes de regressão eram efectuados de vez em quando no sistema.

4.8.2 Noções básicas de teste de software

Os testes estruturais (normalmente designados por "caixa branca") e os testes funcionais ("caixa preta") têm caraterísticas, vantagens e limitações únicas que os tornam mais ou menos aplicáveis a determinadas fases do teste.

Testes de caixa branca: Os testes estruturais verificam a estrutura do próprio software e requerem acesso completo ao código-fonte do objeto. É conhecido como teste de "caixa branca" porque permite ver o funcionamento interno do código.

Embora os testes de caixa branca possam ser aplicados aos níveis da unidade, da integração e do sistema do processo de teste de software, são normalmente efectuados ao nível da unidade. Pode testar caminhos dentro de uma unidade, caminhos entre unidades durante a integração e entre subsistemas durante um teste ao nível do sistema. Embora este método de conceção de testes possa revelar muitos erros ou problemas, pode não detetar partes não implementadas da especificação ou requisitos em falta.

As técnicas de conceção de testes de caixa branca incluem:

- Ensaio do fluxo de controlo
- Teste de fluxo de dados
- Teste de ramificação
- Teste de trajetória

Teste de caixa preta: Os testes funcionais examinam o comportamento observável do software, tal como evidenciado pelos seus resultados, sem referência a funções internas. Por isso, é chamado de teste de "caixa preta". Se o programa fornece consistentemente as caraterísticas desejadas com um desempenho aceitável, então as caraterísticas específicas do código fonte são irrelevantes. Os testes de caixa preta também atacam melhor o objetivo de qualidade. Uma vez que apenas as pessoas que pagam por uma aplicação podem determinar se esta satisfaz as suas necessidades, é vantajoso criar os critérios de qualidade deste ponto de vista desde o início.

Este método de teste pode ser aplicado a todos os níveis de teste de software: unidade, integração, funcional, sistema e aceitação. Normalmente, inclui a maioria, se não todos, os testes em níveis mais elevados, mas também pode dominar os testes unitários.

4.6.3 Casos de teste

ID do caso de test e	**Unidade a testar**	**Pré-requisitos**	**Dados de teste**	**Etapas a executar**	**Resultado esperado**	**Resultado efetivo**	**Estatuir-nos**
1	Teste de janela	.exe deve estar a ser	Janela	Executar o projeto	A janela principal deve ser	A janela é apresentada	Passar

		executado			apresentada		
2	Barra de menus	O projeto deve estar em curso	Barra de menus	Clique único na função de menu OCR	A lista pendente deve ser apresentada	Lista pendente apresentada	Passar
3	Barra de menus	O projeto deve estar em curso	Função de lista pendente n	Um clique em menu automóvel função	Deve ser apresentada uma nova janela de OCR	Janela de OCR apresentada	Passar
				n			
4	Apresentação da imagem	A janela de OCR deve estar a funcionar	Janela de visualização de imagens	Selecionar um item específico da lista	Deve ser apresentada a imagem correspondente	Imagem apresentada	Passar
5	Botão de função OCR	OCR deveria estar a funcionar	Verificação de imagemb boi	O utilizador clica no botão OCR sem selecionar a caixa de verificação	Mensagem de erro apresentada como "Por favor, selecione a imagem do automóvel"	Indicação de erro ed	Passar
6	Botão OCR	OCR deveria estar a funcionar	Verificação de imagemb boi	O utilizador clica no botão OCR selecionando a caixa de verificação	A barra de processamento de OCR deve ser apresentada	barra de processamento apresentada	Passar
7	Carro sem mesa	OCR deveria estar a funcionar	Carro no Quadro	O utilizador seleciona a caixa de verificação e clica no botão OCR	O número do automóvel deve ser apresentado no quadro	Número indicado	Passar
8	Carro sem mesa	OCR deveria estar a funcionar	Carro no Quadro	O utilizador seleciona várias caixas de verificação e clica no botão OCR	O número de automóvel correspondente deve ser apresentado no quadro	Número indicado	Passar
9	Boi de controlo	OCR deveria estar a funcionar	Boi de controlo	O utilizador seleciona o primeiro checkb	Todas as caixas de verificação abaixo devem ser	Boi de controlo selecionado	Passar
				boi	selecionado		

10	Relatório Botão	OCR deveria estar a funcionar	Botão Comunicar	Botão de relatório clicado	Mensagem de erro "please select valid car report" (selecionar relatório de veículo válido), como mostrado se não for selecionado nenhum	Erro apresentado	Passar
11	Relatório Botão	OCR deveria estar a funcionar	Botão Comunicar	Botão de relatório clicado ao selecionar uma imagem da lista	O relatório deve ser apresentado numa nova janela	Relatório apresentado	Passar
12	OCR Sair do menu	OCR deveria estar a funcionar	Sair Botão	Clique na opção "Sair".	Deve sair apenas da janela OCR	Saídas	Passar
13	OCR Sair do menu	OCR deveria estar a funcionar	Sair Botão	Clique na opção "Sair".	Deve sair apenas da janela OCR	Saídas	Passar
14	Utilitário de encriptação	O formulário de encriptação deve estar aberto	Botão Encriptar	Primeiro, selecione o separador "Encriptação" na página inicial	A chave pública deve ser correta e ter 64 bits de comprimento.	Está correto e tem 64 bits de comprimento.	Passar
15	Utilitário de encriptação	O formulário de encriptação deve estar aberto	Botão Encriptar	Primeiro, selecione o separador Encriptação na página inicial	A chave privada deve estar correta.	Chave privada correta ed.	Passar
16	Utilitário de encriptação	Formulário de encriptação	Botão Encriptar	Primeiro, selecione o	Para guardar o ficheiro encriptado	Todos os dados encriptados	Passar
		deve estar aberto		separador Encriptação a partir da página inicial	ficheiro	foi salvo.	
17	Utilitário Decrypt ion	O formulário Decrypt ion deve ser	Utilitário Decrypt ion	Primeiro, selecione o separador Decrypt ion na página	A chave pública deve ser correta e ter 64 bits de	Está correto e tem 64 bits de comprimento	Passar

		aberto.		inicial.	comprimento.	.	
18	Utilitário Decrypt ion	O formulário Decrypt ion deve ser aberto.	Utilitário Decrypt ion	Primeiro, selecione o separador Decrypt ion na página inicial.	A chave privada deve estar correta.	Chave privada correta ed.	Passar
19	Utilitário Decrypt ion	O formulário Decrypt ion deve ser aberto.	Utilitário Decrypt ion	Primeiro, selecione o separador Decrypt ion na página inicial.	Para guardar o ficheiro desencriptad o	Os dados desencriptad os foram guardados.	Passar
20	Utilitário de incorporaçã o de texto	O formulário de incorporaç ão de ding deve estar aberto	Incorporar o utilitário ding	Primeiro, selecione a técnica de incorporaçã o na página inicial	Selecionar ficheiros simples ou encriptados	O ficheiro encriptado deve ser selecionado.	Passar
21	Utilitário de incorporaçã o de texto	O formulário de incorporaç ão de ding deve estar aberto	Incorporar o utilitário ding	Em primeiro lugar, selecionar a técnica de embutir	Selecionar o formato de imagem adequado	A imagem selecionada está no formato correto.	Passar
				ue da página inicial			
22	Utilitário de incorporaçã o de texto	O formulário de incorporaç ão de ding deve estar aberto	Incorporar o utilitário ding	Primeiro, selecione a técnica de incorporaçã o na página inicial	O ficheiro incorporado não deve sobrecarregar a imagem atual.	O texto selecionado não deve exceder o tamanho da imagem.	Passar
23	Utilitário de remoção de embutidos	O formulário de registo deve estar aberto	extrair o texto do objeto stego	Primeiro, selecione a técnica de incorporaçã o na página inicial	Para procurar o objeto stego	Selecionar o objeto de roubo	Passar
24	Utilitário de remoção de embutidos	O formulário de registo deve estar aberto	extrair o texto do objeto stego	Primeiro, selecione a técnica de incorporaçã o na página inicial	Para guardar o texto extraído	Guardar o ficheiro extraído no disco.	Passar

Tabela 4.1: Casos de teste

Capítulo - 5 Resultados experimentais

5.1 Resultados

A solução ANPR foi testada em fotografias estáticas de veículos, que foram divididas em vários conjuntos de acordo com o grau de dificuldade. Os conjuntos de fotografias desfocadas e distorcidas apresentam taxas de reconhecimento piores do que um conjunto de fotografias captadas com nitidez. O objetivo dos testes não era encontrar um conjunto de fotografias reconhecíveis a cem por cento, mas testar a invariância dos algoritmos em fotografias aleatórias sistematicamente classificadas nos conjuntos de acordo com as suas propriedades.

Figura 5.1: Exemplo de reconhecimento de placas

A solução ANPR foi testada em fotografias estáticas de veículos, que foram divididas em vários conjuntos de acordo com o grau de dificuldade.

Os conjuntos de imagens desfocadas e distorcidas apresentam taxas de reconhecimento piores do que um conjunto de imagens captadas com nitidez. O objetivo dos testes não era encontrar um conjunto de fotografias reconhecíveis a cem por cento, mas testar a invariância dos algoritmos em fotografias aleatórias sistematicamente classificadas nos conjuntos de acordo com as suas propriedades.

Banda

Largura da banda: 640 px Banda

altura : 40 px

Prato

MP 04 CA 9565 largura da placa: 640 px altura da banda: 40 px

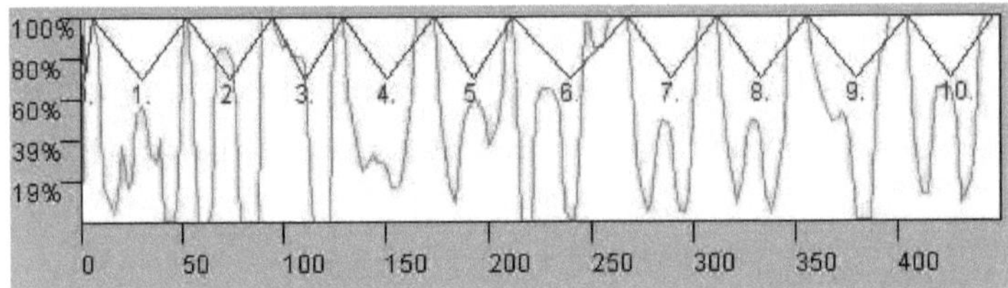

Figura 5.2: Exemplo de recorte de banda e recorte de placa

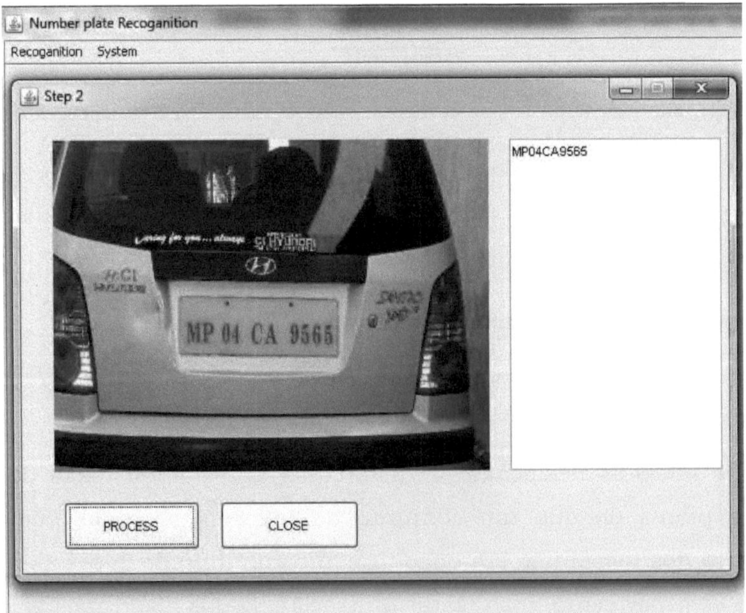

Figura 5.3: Exemplo de reconhecimento de caracteres

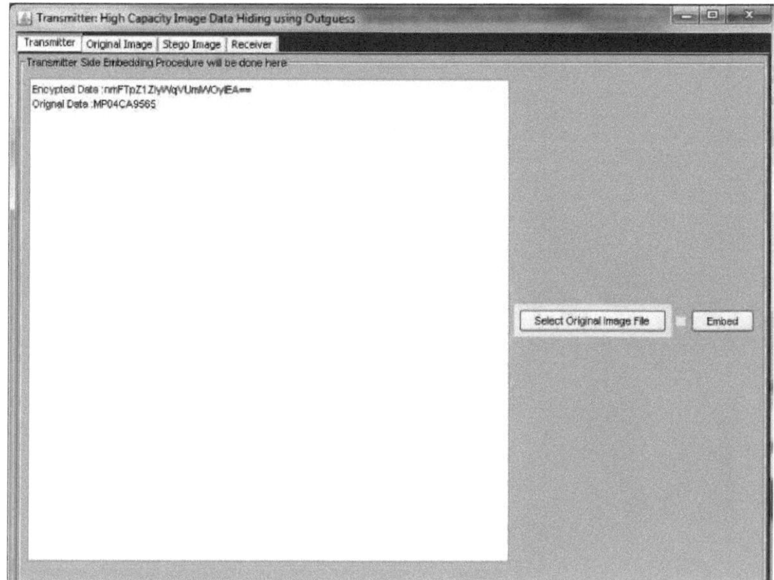

Figura 5.4: Exemplo de encriptação de dados

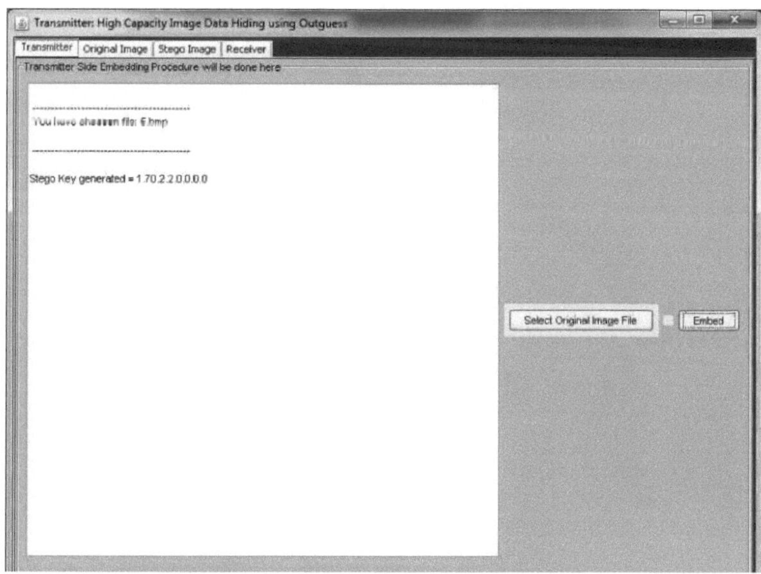

Figura 5.5: Exemplo de incorporação de dados

Figura 5.6 Imagem original

Figura 5.7: Imagem Stego

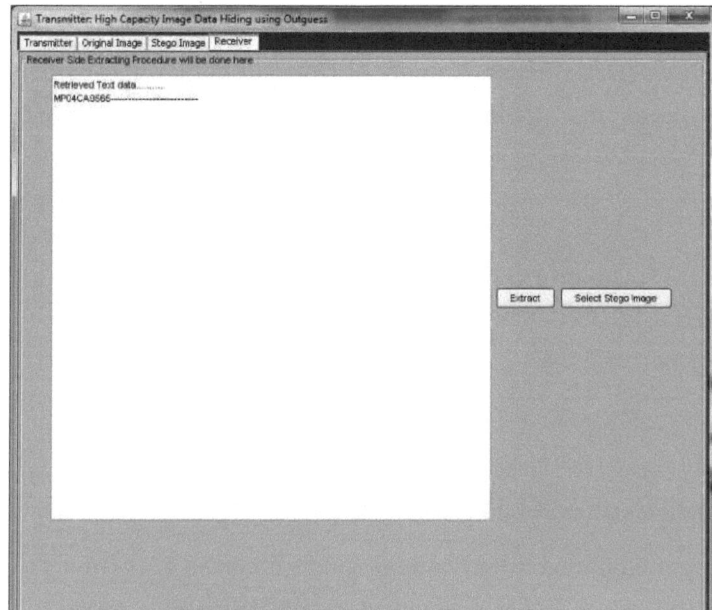

Figura 5.8 : Exemplo de extração de dados

A tabela 5.1 mostra as taxas de reconhecimento obtidas durante os testes com vários conjuntos de matrículas.

	Número total de placas	**Número total de caracteres**	**Pontuação ponderada**
Placas transparentes	31	220	88.76
Placas desfocadas	20	160	50.43
Placas inclinadas	17	132	54.26
Placas médias	50	560	75.34

Quadro 5.1: Taxas de reconhecimento do sistema ANPR.

De acordo com os resultados, este sistema dá boas respostas apenas a placas claras, porque as placas enviesadas e as placas com um ambiente envolvente difícil provocam uma degradação significativa das capacidades de reconhecimento.

O quadro 5.2 apresenta as taxas de classificação da placa média de B. Raveendran Pillai, Prot: (Dr). Sukesh Kumar. A: Um sistema em tempo real para a identificação automática de motociclos - utilizando Redes Neuronais Artificiais de Reconhecimento[17].

Tipos de processos	N.º de instâncias	N.º de casos corretamente classificados	Pontuação ponderada
Verificação de imagens	60	46	76.7
Reconhecimento de matrículas	60	48	80.00

Quadro 5.2: Taxas de classificação do sistema ANPR

Todos os métodos mencionados lidam com as letras inglesas e os números árabes. Podemos dizer que o nosso trabalho tem um bom rácio (80%) em comparação com a taxa de sucesso (70%) mencionada por Su-Hyun Lee, Young-Soo Seok e Eung-Joo Lee Department of information/Communication Eng: Multi-National Integrated Car-License Plate Recognition System Using Geometrical Feature and Hybrid Pattern Vetor [18], e (74%) de taxa de sucesso por Jaime José Laracuente-Diaz e Manuel Toledo-Quinones[19] Electrical and Computer Engineering Department University of Puerto Rico,Mayagüez Campus Mayagüez,Puerto Rico: Visão Artificial para Monitorização de Veículos em Estações de Tren Urbano.

Capítulo - 6 Conclusão e âmbito futuro

O objetivo deste sistema era estudar e resolver aspectos algorítmicos e matemáticos dos sistemas de reconhecimento automático de matrículas, tais como visão artificial, reconhecimento de padrões, OCR e redes neuronais, esteganografia, criptografia, etc. O sistema foi dividido em várias sequências lógicas das etapas individuais de reconhecimento, que constituem uma forte sucessão de algoritmos aplicados durante o processo de reconhecimento.

Este trabalho contém também um software ANPR de demonstração, que demonstra comparativamente todos os algoritmos descritos. Tinha mais opções de ambiente de programação para escolher. Os princípios matemáticos e os algoritmos não devem ser estudados e desenvolvidos numa linguagem de programação compilada. Finalmente, implementei o ANPR em Java e não em Matlab, porque Java é um ambiente de programação de compromisso entre Matlab e uma linguagem de programação compilada, como C++. A solução ANPR foi testada em fotografias estáticas de veículos, que foram divididas em vários conjuntos de acordo com o grau de dificuldade. Os conjuntos de fotografias desfocadas e distorcidas apresentam taxas de reconhecimento piores do que um conjunto de fotografias captadas com nitidez. O objetivo dos testes não era encontrar um conjunto de fotografias reconhecíveis a cem por cento, mas testar a invariância dos algoritmos em fotografias aleatórias sistematicamente classificadas nos conjuntos de acordo com as suas propriedades.

A configuração foi testada para vários veículos com diferentes matrículas de diferentes estados. No processo de avaliação final, depois de otimizar os parâmetros como o brilho, o contraste e a gama, os ajustes, os valores óptimos de iluminação e o ângulo a partir do qual a imagem deve ser tirada. Obtive uma eficiência global de 95% para este sistema. Pode dar-nos uma vantagem relativa na aquisição de dados.

Âmbito futuro

O Sistema de Reconhecimento de Matrículas foi desenvolvido com o objetivo de apresentar uma abordagem para alcançar uma maior segurança. O sistema desenvolvido executou muitas das funções corretamente. No entanto, o sistema pode ser melhorado. O sistema utilizou uma base de dados que não foi obtida com a utilização de uma câmara de alta resolução. O sistema poderia ser ligeiramente modificado de modo a utilizar uma câmara de alta resolução para obter imagens de boa qualidade dos automóveis.

O sistema até agora utilizado tinha tipicamente imagens de pequena resolução para as quais o sistema funcionava perfeitamente e com um tempo de resposta reduzido. medida que a resolução da imagem aumenta, o tamanho da matriz aumenta e o tempo de resposta do sistema aumenta. Pode ser aplicada uma boa abordagem de classificação que ajude a reduzir o tempo de resposta. O sistema pode ser concebido para reconhecer a matrícula de um veículo que circula a alta velocidade com uma elevada fiabilidade.

O sistema utilizado até à data só reconhecia chapas de matrícula normais. O sistema pode ser concebido para reconhecer matrículas de menor valor. Embora tenhamos conseguido uma precisão de 80% através da otimização de vários parâmetros, é necessário que, para uma tarefa tão sensível como a localização de veículos roubados e a monitorização de veículos para a segurança interna, não se possa comprometer uma precisão de 100%. Por conseguinte, para o conseguir, é necessária uma maior otimização. Além disso, é necessário ter em conta problemas como manchas, borrões, regiões desfocadas e diferentes estilos e tamanhos de letra. Veremos mais dados encriptados a serem ocultados utilizando a esteganografia, uma vez que a combinação dos dois proporciona um alvo ainda mais difícil de decifrar (mas não necessariamente uma mistura mais difícil de montar). Atualmente, embora a maioria das ferramentas específicas consiga detetar ficheiros ocultos utilizando elas próprias a esteganografia. No entanto, é bem aceite que frases pequenas e respostas de uma só palavra (por exemplo, um "sim") são praticamente impossíveis de encontrar. Esta poderá ser uma área em que se poderão registar novos avanços, à medida que os tamanhos de compressão forem diminuindo. A esperança para as ferramentas de marca de água digital (mas possivelmente más notícias para a liberdade de informação) poderá ser a existência de imagens que só serão apresentadas em sítios válidos. Se se tentar mostrar a imagem codificada esteganograficamente contra a sua informação de direitos de autor (mais uma vez, talvez escondida dentro da imagem), a imagem poderá mostrar outra coisa, por exemplo, um aviso de direitos de autor e uma ligação ao sítio de origem. Isto retira trabalho aos fornecedores de manipulação de imagens de terceiros (por exemplo, Adobe Photoshop, etc.), que têm de procurar marcas de água nas imagens e tratar adequadamente as que encontrarem. Incorporar uma mensagem secreta num texto de forma a criar uma palavra a partir de cada letra da mensagem secreta e formar uma palavra com significado.

A aplicação da ocultação da matrícula consiste no facto de a imagem encriptada poder ser enviada ao banco para a dedução do montante da portagem da conta bancária. Este trabalho pode ser alargado de modo a minimizar os erros que lhes são imputados.

Referências

1. Peter M. Roth, Martin K "ostinger, Paul Wohlhart, Horst Bischof, Josef A. Birchbauer "Automatic Detection and Reading of Dangerous", 2010 Seventh IEEE International Conference on Advanced Video and Signal Based Surveillance. Publicado como documento ECE/TRANS/202, Vol.I e II (ADR 2009, página n.º 580-585, ano 2010

2. Ping Dong, Jie-hui Yang, Jun-jun Dong: A aplicação e a perspetiva de desenvolvimento da técnica de reconhecimento automático de matrículas". 0-7803- 9521-2/06/$20.00 §2006 IEEE. página no744 -747.ano-2006

3. W. K. I. L. Wanniarachchi, D. U. J. Sonnadara e M. K. Jayananda "License Plate Identification Based on Image Processing Techniques, Second International Conference on Industrial and Information Systems". *Second International Conference on Industrial and Information Systems, ICIIS 2007, 8 -11 August 2007, Sri Lanka,* 1-4244-1152-1/07/$25.00 ©2007 IEEE, Page373-373,Year- 2007.

4. Ankush Roy Debarshi Pata-njali Ghoshal "Number Plate Recognition for Use in Different Countries Using an Improved Segmentation", IEEE, 978-1- 4244-9581-8/11/$26.00 © 2011 IEEE, Year-2011

5. Luis Salgado, Jose' M. Mene'ndex, Enrique Renddn e Narciso Garcia (1999): Automatic Car Plate Detection and Recognition through Intelligent Vision Engineering, IEEE.

6. U. Bhattacharya, S. K. Parui, e S. Mondal. Extração de texto em Devanagari e bangla a partir de imagens de cenas naturais. Em Proc. Intl' Conf. on Document Analysis and Recognition, páginas 171-175.

7. X. Chen e A. L. Yuille. Detectando e lendo texto em cenas naturais. Em Proc. CVPR, volume II, páginas 366-373, 2004.

8. M. Donoser, C. Arth, e H. Bischof. Deteção, seguimento e reconhecimento de matrículas de automóveis. Em Proc. Asian Conf. on Computer Vision, volume II, páginas 447-456, 2007.

9. Parisi R, et al, "Car Plate Recognition by Neural Networks and Image Processing", IEEE ISCAS, IEEE 1998, EUA.

10. Raus M. Kreft I, "Reading car license plates by the use of artificial neural networks", Proceeding of the 1995 IEEE 38th Midwest Symposium on Circuits and Systems, IEEE 1995, NJ.USA, pp. Part 1 (of2), 538-541.

11. Poon et al, "Robust vision system for vehicle license plate recognition using gray-scale morphology", Proceedings of the 1995 IEEE International Symposium on Industrial

Electronics, IEEE 1995, XJ.USA, pp. Part 1 (of2), 394-399.

12. Da Qingyun, Yu Yinglin, "A Survey of Number Plate mage Based on Small Wave and Morphology", Chinese Image and Graph Journal, 2000, 5(5), pp. 411-415.

13. Fan Yong et al, "The Number Plate Quick Location Algorithm", The Photoelectricity Engineering, 2001, 28(2), pp.56-59.

14. Chen Youren, Zhao Zhengxiao, "The Number Plate Automatic Recognition Technique Based on Hidden Markov Model", Infrared and Laser Engineering, 2001, 30(2), pp. 102-107.

15. S. Ozbay e E. Ercelebi, "Automatic vehicle identification by plate recognition", *Transactions on Engineering, Computing and Technology,* Vol 9, 222-225 (2005)

16. S. Chang, L. Chen, Y. Chung e S. Chen, "Automatic license plate recognition", *IEEE Transactions on Intelligent Transportation Systems,* Vol 5, 42-53 (2004).

17. Raveendran Pillai, Prot: (Dr). Sukesh Kumar. A: A Real-time system for the automatic identification of motorcycle - using Artificial Neural Networks Recognition, World Academy of Science, Engineering and Technology 9, 2005. Data de emissão: 18-20 Dez. 2008 ,Na(s) página(s): 1 - 6,Location: St. Thomas, VI ,Print ISBN: 978-1-4244-3594-4 , Número de acesso INSPEC: 10476689 ,Digital Object Identifier: 10.1109/ ICCCNET. 2008. 4787735

18. Su-Hyun Lee,Young-SoooSeok eEung-Joo Lee Departamento de Engenharia da Informação/Comunicação,TongMyong Univ.of Information Technology: Sistema Integrado Multi-Nacional de Reconhecimento de Placas de Matrícula de Automóveis Utilizando Caraterísticas Geométricas e Vetor de Padrão Híbrido. IEEE 31st annual 1997International Carnahan Conference,1997,pp209-214.

19. Jaime José Laracuente-Diaz e Manuel Toledo-Quinones Departamento de Engenharia Eletrotécnica e de Computadores Universidade de Porto Rico, Campus de Mayagüez Mayagüez, Porto Rico: Visão Artificial para Monitorização de Veículos em Estações de Tren Urbano . In The Int. Conf. On Image Processing, 3- volume set,Page 145-149.

20. Jessica Fridrich, Miroslav Goljan e Dorin Hogea "Attacking the OutGuess" *Conferência '00,* Mês 1-2, 2000, Cidade, Estado. Copyright 2000 ACM 1-58113-000-0/00/0000...$5.00, Ano-2000.

21. Niels Provos e Peter Honeyman "Hide And Seek: An Introduction To Steganography" publicado pela IEEE Computer Society, 1540-7993/03/$17.00 © 2003 IEEE,page32-44, MAIO/JUNHO 2003.

22. Yang Jun, Li Na e Ding "A design and implementation of high-speed 3DES algorithm system "Jun 2009 Second International Conference on Future Information Technology and Management Engineering, 978-0-76953880-8/09 $26.00 © 2009 IEEE DOI 10.1109/FITME.2009.49,page175- 179,year-2009.

23. Tingyuan Nie e Teng Zhang "A Study of DES and Blowfish Encryption Algorithm", Um projeto do Programa de Ciência e Tecnologia do Ensino Superior da Província de Shandong (n.° J09LG10) TENCON 2009, 978-1-4244-4547- 9/09/$26.00 ©2009 IEEE, página1-4, ano 2009.

Printed by Books on Demand GmbH, Norderstedt / Germany